建筑工程细部节点做法与施工工艺图解丛书

通风空调工程细部节点做法与施工工艺图解

（第二版）

丛书主编：毛志兵

本书主编：颜钢文

组织编写：中国土木工程学会总工程师工作委员会

U0250267

中国建筑工业出版社

图书在版编目（CIP）数据

通风空调工程细部节点做法与施工工艺图解／颜钢
文本书主编；中国土木工程学会总工程师工作委员会组
织编写. -- 2 版. -- 北京：中国建筑工业出版社，
2025. 2. --（建筑工程细部节点做法与施工工艺图解丛
书／毛志兵主编）. -- ISBN 978-7-112-30875-0

Ⅰ. TU83-64

中国国家版本馆 CIP 数据核字第 2025HT9990 号

责任编辑：张　磊　万　李
责任校对：赵　力

建筑工程细部节点做法与施工工艺图解丛书
通风空调工程细部节点做法与
施工工艺图解
（第二版）
丛书主编：毛志兵
本书主编：颜钢文
组织编写：中国土木工程学会总工程师工作委员会

*

中国建筑工业出版社出版、发行（北京海淀三里河路 9 号）
各地新华书店、建筑书店经销
北京鸿文瀚海文化传媒有限公司制版
鸿博睿特（天津）印刷科技有限公司印刷

*

开本：850 毫米×1168 毫米　1/32　印张：8　字数：220 千字
2025 年 3 月第二版　　2025 年 3 月第一次印刷
定价：**39. 00** 元
ISBN 978-7-112-30875-0
（44053）

丛书编委会

主　编：毛志兵

副主编：朱晓伟　刘　杨　刘明生　刘福建　李景芳
　　　　杨健康　吴克辛　张太清　张可文　陈振明
　　　　陈硕晖　欧亚明　金　睿　赵秋萍　赵福明
　　　　黄克起　颜钢文

本书编委会

主编单位：北京城建集团有限责任公司

参编单位：北京城建集团工程总承包部

北京城建集团建筑工程总承包部

北京城建集团国际事业部

北京住总集团有限责任公司

北京城建智控科技股份有限公司

北京城建建设工程有限公司

北京城建一建设发展有限公司

北京城建七建设工程有限公司

北京城建安装集团有限公司

北京城建亚泰建设集团有限公司

北京城建北方集团有限公司

主　　编：颜钢文

副 主 编：张　正　石　松

编写人员：（按拼音首字母排序）

<table>
<tr><td>陈　颂</td><td>杜金泽</td><td>冯智伟</td><td>郭家宝</td><td>韩兴元</td></tr>
<tr><td>李振威</td><td>马洪超</td><td>孟阳阳</td><td>滕云飞</td><td>汪震东</td></tr>
<tr><td>王宏波</td><td>王秋江</td><td>王梓逸</td><td>吴　余</td><td>谢会雪</td></tr>
<tr><td>姚雪鹏</td><td>叶　健</td><td>于晓光</td><td>张东蛟</td><td>张立超</td></tr>
<tr><td>张　涛</td><td>张晓东</td><td>周　宁</td><td></td><td></td></tr>
</table>

丛书前言

"建筑工程细部节点做法与施工工艺图解丛书"自 2018 年出版发行后，受到了业内工程施工一线技术人员的欢迎，截至 2023 年底，累计销售已近 20 万册。本丛书对建筑工程高质量发展起到了重要作用。近年来，随着建筑工程新结构、新材料、新工艺、新技术不断涌现以及工业化建造、智能化建造和绿色化建造等理念的传播，施工技术得到了跨越式的发展，新的节点形式和做法进一步提高了工程施工质量和效率。特别是 2021 年以来，住房和城乡建设部陆续发布并实施了一批有关工程施工的国家标准和政策法规，显示了对工程质量问题的高度重视。

为了促进全行业施工技术的发展及施工操作水平的整体提升，紧随新的技术潮流，中国土木工程学会总工程师工作委员会组织了第一版丛书的主要编写单位以及业界有代表性的相关专家学者，在第一版丛书的基础上编写了"建筑工程细部节点做法与施工工艺图解丛书（第二版）"（简称新版丛书）。新版丛书沿用了第一版丛书的组织形式，每册独立组成编委会，在丛书编委会的统一指导下，根据不同专业分别编写，共 11 分册。新版丛书结合国家现行标准的修订情况和施工技术的发展，进一步完善第一版丛书细部节点的相关做法。在形式上，结合第一版丛书通俗易懂、经济实用的特点，从节点构造、实体照片、工艺要点等几个方面，解读工程节点做法与施工工艺；在内容上，随着绿色建筑、智能建筑的发展，新标准的出台和修订，部分节点的做法有一定的精进，新版丛书根据新标准的要求和工艺的进步，进一步完善节点的做法，同时补充新节点的施工工艺；在行文结构中，进一步沿用第一版丛书的编写方式，采用"施工方式＋案例""示意图＋现场图"的形式，使本丛书的编写更加简明扼要、方便查找。

新版丛书作为一本实用性的工具书，按不同专业介绍了工程实践中常用的细部节点做法，可以作为设计单位、监理单位、施工企业、一线管理人员及劳务操作层的培训教材，希望对项目各参建方的实际操作和品质控制有所启发和帮助。

新版丛书虽经过长时间准备、多次研讨与审查修改，但仍难免存在疏漏与不足之处，恳请广大读者提出宝贵意见，以便进一步修改完善。

丛书主编：毛志兵

本书前言

本分册根据"建筑工程细部节点做法与施工工艺图解丛书"编委会的要求，在 2018 年 7 月发行的第一版的基础上增补、修订完成，由北京城建集团有限责任公司负责组织编写。

在编写过程中，编写组人员认真研究了《通风与空调工程施工质量验收规范》GB 50243—2016、《通风与空调工程施工规范》GB 50738—2011、《建筑机电工程抗震设计规范》GB 50981—2014、《建筑防火通用规范》GB 55037—2022 等有关标准、规范和图集，结合编写组成员施工经验进行编写，并组织北京城建集团有限责任公司内、外部专家进行审查后定稿。

本分册主要内容包括通风与空调工程中管道制作、安装、保温、标识以及阀部件、设备安装等，每个细部节点包括图片和工艺说明两部分，力求做到图文并茂、通俗易懂。

本分册在编写和审核过程中，参考了众多专著、书刊，在此表示感谢。

由于时间仓促，经验不足，书中难免存在缺点和错漏，恳请广大读者指正，意见反馈邮箱：bucgzlb@163.com。

目　录

第一章　送风系统

010101　热镀锌卷板 ……………………………………… 1

010102　金属风管咬口加工 ……………………………… 2

010103　金属矩形风管弯头制作 …………………………… 3

010104　金属风管变径制作 ………………………………… 4

010105　风管弯头导流叶片 ………………………………… 5

010106　薄钢板法兰矩形风管制作 ……………………… 6

010107　金属风管压筋加固 ………………………………… 7

010108　金属风管角钢加固 ………………………………… 8

010109　风管螺杆内支撑加固 ……………………………… 9

010110　薄钢板风管法兰密封做法 ……………………… 10

010111　金属风管角钢法兰制作 ………………………… 11

010112　金属风管与角钢法兰连接 ……………………… 13

010113　弹簧夹构造与安装 ……………………………… 14

010114　矩形风管薄钢板法兰弹簧夹连接 ……………… 15

010115　风管支吊架安装 ………………………………… 16

010116　风管防晃支架安装 ……………………………… 17

010117　金属风管安装 …………………………………… 18

010118　玻璃钢风管安装 ………………………………… 19

010119　织物布风管安装 ………………………………… 20

010120　风管抗震支吊架安装 …………………………… 21

010121　风阀安装 ………………………………………… 22

010122　金属风管法兰防腐 ……………………………… 23

010123　风机吊装安装 ················· 24

010124　风机落地安装 ················· 25

010125　风管与风机软连接安装 ········· 26

010126　非金属柔性风管安装 ··········· 27

010127　风口安装 ····················· 28

010128　风管漏风量检测 ············· 29

010129　风管测量孔截面位置选取 ······· 30

010130　风口风量测量 ··············· 31

第二章　排风系统

020101　室外风管安装 ··············· 32

020102　止回阀安装 ················· 33

020103　厨房排风罩安装 ············· 34

020104　屋面油烟净化器安装 ········· 35

第三章　防排烟系统

030101　前室正压送风口安装 ··········· 36

030102　楼梯间正压送风口安装 ········· 37

030103　风管穿防火、防爆墙体的安装 ··· 38

030104　防火阀楼板上安装 ············· 39

030105　防火阀吊装 ················· 40

030106　排烟阀安装 ················· 41

030107　有耐火极限要求的防排风管做法一 ··· 42

030108　有耐火极限要求的防排烟风管做法二 ··· 43

030109　防排烟风管单向抗震支架 ······· 44

030110　防排烟风管双向抗震支架 ······· 45

030111　防排烟风机落地安装 ··········· 46

030112　排烟风机（兼排风）安装 ······· 47

030113　防排烟风机吊装 ·················· 48

030114　防虫网安装 ···················· 49

第四章　除尘系统

040101　静电除尘器安装 ················· 50

040102　油网除尘器安装 ················· 51

第五章　舒适性空调系统

050101　双面铝箔酚醛与聚氨酯复合风管制作 ······· 52

050102　玻璃纤维复合板风管制作 ············· 54

050103　机制玻镁复合风管制作 ·············· 56

050104　复合风管部件制作 ················ 58

050105　复合风管加固 ·················· 60

050106　复合风管连接 ·················· 62

050107　复合风管安装 ·················· 64

050108　柔性风管安装 ·················· 66

050201　组合式空调处理设备（空调机组）组装 ····· 67

050202　空调处理设备、新风机组落地安装 ······· 68

050203　空调处理设备、新风机组吊装 ·········· 70

050204　空气热回收机组（装置）安装 ·········· 71

050205　无风管远程送风空调机组安装 ··········· 72

050206　新风换气机安装 ················· 73

050301　空气过滤器安装 ················· 75

050302　消声器安装 ··················· 76

050303　静压箱安装 ··················· 78

050304　旋流风口安装 ················· 79

050305　条形风口安装 ················· 81

050306　百叶风口安装 ················· 82

050307　散流器安装 ······················· 83

050308　球形风口安装 ····················· 84

050401　风机盘管进场检查 ··············· 86

050402　卧式风机盘管机组吊装 ········· 87

050403　立式风机盘管机组安装 ········· 88

050404　风机盘管机组管路连接 ········· 89

050405　变风量、定风量及变制冷剂空调末端装置安装 ······· 90

050406　变风量空调末端装置风管安装 ······· 92

050501　金属风管玻璃棉板保温钉安装 ······· 93

050502　风管铝箔敷面玻璃棉板保温 ······· 94

050503　风管保温外缠玻璃布 ··········· 95

050504　金属风管橡塑保温 ············· 97

050505　风管内保温制作 ··············· 99

第六章　恒温恒湿空调系统

060101　电加热器安装 ················· 100

060102　精密空调机组安装 ··········· 101

第七章　净化空调系统

070101　净化空调机组安装 ··········· 102

070102　洁净室高效过滤器安装 ······· 103

070103　高效过滤器风口安装 ········· 104

070104　高效过滤器的框架安装及密封 ······· 105

070105　层流罩安装 ················· 106

070201　高效过滤器检漏 ············· 107

070202　洁净度测试 ················· 108

第八章　地下人防通风系统

080101　风管穿密闭墙做法 ··············· 109

080102　气密测量管安装 ················· 110

080103　滤毒室换气堵头安装 ············· 111

080104　密闭阀门安装 ··················· 112

080105　自动排气活门安装 ··············· 113

080106　超压排气活门安装 ··············· 115

080107　油网滤尘器安装 ················· 116

080108　过滤吸收器安装 ················· 117

080109　电动手摇两用风机安装 ··········· 118

第九章　真空吸尘系统

090101　真空吸尘系统 ··················· 119

第十章　冷凝水系统

100101　PVC 管道粘接施工 ··············· 121

100102　风机盘管冷凝水管安装 ··········· 123

100103　空气处理机组冷凝水管安装 ······· 124

第十一章　空调（冷、热）水系统

110101　穿楼板管道预留孔洞 ············· 125

110102　穿墙柔性防水套管预埋 ··········· 126

110103　管道机械除锈 ··················· 128

110104　管道防腐施工 ··················· 129

110105　管道螺纹连接 ··················· 130

110106	二氧化碳气体保护半自动焊	132
110107	管道手工电弧焊连接	133
110108	管道焊接连接	135
110109	A3 型管道吊架根部	137
110110	空调水管道落地支架安装	138
110111	空调水管道吊架安装	139
110112	管道综合支吊架安装	140
110113	C 形钢综合支吊架	141
110114	管道穿楼板固定支架	142
110115	空调水管道安装	143
110116	空调水管道木托（聚氨酯绝热）管座安装	144
110117	聚氨酯绝热管道吊架安装	145
110118	聚氨酯绝热导向管座安装	146
110119	聚氨酯绝热固定管座安装	147
110120	空调水单管抗震支撑安装	148
110121	空调水多管抗震支撑安装	149
110122	管道弹性托架安装	150
110123	水平管道方形补偿器安装	151
110124	波纹补偿器安装（轴向型）	152
110125	闸阀安装	153
110126	蝶阀安装	154
110127	阀门标识	155
110128	管道标识	156
110129	泵房综合排布	157
110130	立式水泵安装	158
110131	卧式水泵安装	159
110132	压力表安装	160
110133	温度计安装	161
110134	压力试验	163
110135	管道玻璃棉保温	164

110136　管道橡塑保温 ●●●●●●●●●●●●●●●●●●●●●●●●●●● 165

110137　阀门保温 ●●●●●●●●●●●●●●●●●●●●●●●●●●●●●●●●● 166

110138　阀门保温金属保护壳 ●●●●●●●●●●●●●●●●●●●●● 167

110139　管道保温保护壳施工 ●●●●●●●●●●●●●●●●●●●●● 168

110140　板式热交换器 ●●●●●●●●●●●●●●●●●●●●●●●●●●● 169

110141　辐射供热、供冷地埋管 ●●●●●●●●●●●●●●●●● 170

110142　热泵机组设备安装 ●●●●●●●●●●●●●●●●●●●●●●● 171

第十二章　冷却水系统

120101　管道穿楼板套管安装 ●●●●●●●●●●●●●●●●●●●●● 172

120102　管道穿墙套管安装 ●●●●●●●●●●●●●●●●●●●●●●● 174

120103　冷却塔安装 ●●●●●●●●●●●●●●●●●●●●●●●●●●●●● 175

第十三章　土壤源热泵换热系统

130101　土壤源热泵换热系统 ●●●●●●●●●●●●●●●●●●●●● 176

第十四章　水源热泵换热系统

140101　水源热泵换热系统 ●●●●●●●●●●●●●●●●●●●●●●● 177

第十五章　蓄能系统

150101　蓄能方式 ●●●●●●●●●●●●●●●●●●●●●●●●●●●●●●● 178

150102　蓄冷蓄热系统设计 ●●●●●●●●●●●●●●●●●●●●●●● 180

150103　冰蓄冷系统形式 ●●●●●●●●●●●●●●●●●●●●●●●●● 182

150104　蓄冰装置 ●●●●●●●●●●●●●●●●●●●●●●●●●●●●●●● 184

150105　蓄冰盘管材质 ●●●●●●●●●●●●●●●●●●●●●●●●●●● 186

150106　钢制蓄冰槽槽体安装 ●●●●●●●●●●●●●●●●●●●●● 187

150107　蓄冰槽防腐施工 ………………………………… 188

150108　蓄冰罐安装 ……………………………………… 189

150201　管道系统及部件安装 ……………………………… 190

150202　水泵及附属设备安装 ……………………………… 191

150203　管道、设备防腐与绝热 …………………………… 192

150204　管道冲洗与防腐 ………………………………… 193

150205　系统压力试验及调试 …………………………… 194

150301　其他蓄能模式介绍（一） …………………………… 195

150302　其他蓄能模式介绍（二） …………………………… 196

第十六章　压缩式制冷（热）设备系统

160101　冷冻机房设备整体排布 …………………………… 197

160102　水冷式冷水机组安装 …………………………… 198

160103　水冷式冷水机组配管安装 ……………………… 199

160104　板式换热器安装 ………………………………… 200

160105　软化水装置安装 ………………………………… 201

160106　水箱安装 ……………………………………… 202

160107　设备地脚螺栓安装 …………………………… 203

160201　制冷剂灌注 ………………………………… 204

160301　分、集水器安装 ……………………………… 205

160302　定压设备安装 ………………………………… 206

160303　设备、阀部件绝热 …………………………… 207

第十七章　吸收式制冷设备系统

170101　吸收式制冷机组安装 …………………………… 208

170201　燃气设备安装 ………………………………… 210

第十八章　多联机（热泵）空调系统

180101　室外机组安装 ···················· 212

180201　室内机组安装 ···················· 213

180301　制冷剂管路连接 ·················· 214

180401　风管安装 ························ 215

180501　冷凝水管道安装 ·················· 216

180601　制冷剂灌注 ······················ 217

180701　系统压力试验及调试 ·············· 218

第十九章　太阳能供暖空调系统

190101　太阳能集热器底座及支架 ·········· 219

190102　太阳能集热器安装 ················ 220

190103　太阳能储热水箱安装 ·············· 221

190104　太阳能系统保温 ·················· 222

第二十章　设备自控系统

200101　液体压力传感器安装 ·············· 223

200102　空气压差传感器安装 ·············· 224

200103　风管型温湿度传感器安装 ·········· 226

200104　室内温湿度传感器安装 ············ 227

200105　防冻开关安装 ···················· 228

200106　电动调节阀执行器安装 ············ 229

200107　风阀执行器安装 ·················· 230

第二十一章　制冷（制冰）系统

210101　桶泵机组安装 ···················· 231

210102　制冷机组安装 ···················· 233

210103　气冷器安装 ······················ 234

210201　制冷盘管安装 ···················· 235

210202　制冷集管制作 ···················· 236

第一章　送风系统

热镀锌卷板铭牌

热镀锌卷板现场图

工艺说明

　　金属风管比较常见的是由热镀锌卷板加工制作而成。用于一般环境下，镀锌层厚度不应小于 $80g/m^2$；用于净化空调系统，镀锌层厚度不应小于 $100g/m^2$；用于其他特殊环境下，镀锌层厚度应符合设计文件要求。

010102 金属风管咬口加工

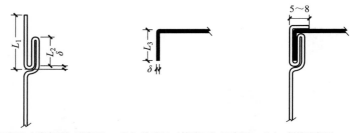

（a）双咬口（雌咬口）示意图　　（b）单咬口（雄咬口）示意图　　（c）成型示意图

说明：1.图中所示L_1=13～16mm，L_2=7～10mm，L_3=6～8mm。
　　　2.板材厚度δ符合国家相关规范。

联合角咬口结构尺寸与成型方法

金属风管咬口形式现场图

工艺说明

　　风管板材咬口连接形式主要有单咬口、联合角咬口、转角咬口、按扣式咬口、立咬口等形式，目前常用的为联合角咬口。加工时片料应采用咬口机轧制或手工敲制成需要的咬口形状，用合口机或手工进行合缝，端面应平齐。操作时，用力应均匀，不宜过重。板材咬合缝应紧密，宽度一致，折角应平直。

010103 金属矩形风管弯头制作

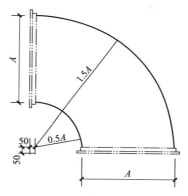

金属矩形风管弯头示意图

金属矩形风管弯头现场图

工艺说明

矩形风管的弯头可分为内外同心弧形、内弧外直角形、内斜线外直角形及内外直角形。宜采用内外同心弧形，圆弧应均匀。

010104 金属风管变径制作

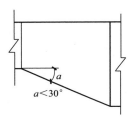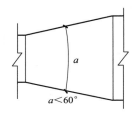

金属风管变径示意图

金属风管变径现场图

工艺说明

　　风管变径制作时，单面变径的夹角（图中 a 值）不宜大于30°，双面变径的夹角（图中 a 值）不宜大于60°。

010105 风管弯头导流叶片

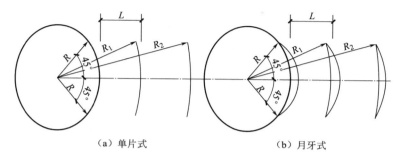

（a）单片式　　　　　　　　　（b）月牙式

风管弯头导流叶片示意图

风管弯头导流叶片现场图

工艺说明

　　矩形风管弯头边长大于或等于500mm，且内弧半径（R）与弯头端口边长比小于或等于0.25时，应设置导流叶片，导流叶片宜采用单片式、月牙式两种类型，内弧应与弯管同心，导流叶片应与风管内弧等弦长。其间距 L 可采用等距或渐变设置，最小片间距（图中 L 值）不宜小于200mm，数量可采用平面边长除以500的倍数来确定，最多不宜超过4片。

010106 薄钢板法兰矩形风管制作

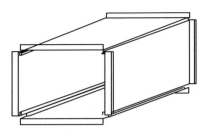

薄钢板法兰矩形风管示意图

薄钢板法兰矩形风管现场图

工艺说明

　　薄钢板法兰矩形风管分为薄钢板连体法兰矩形风管和薄钢板组合法兰矩形风管两种。适用于风管边长小于或等于2000mm的中压及以下压力系统风管。常用为薄钢板连体法兰矩形风管，优先采用全自动流水线或单机进行生产。风管外边长小于或等于300mm时，允许偏差小于或等于2mm；外边长大于300mm时，允许偏差小于或等于3mm。管口平面度的允许偏差小于或等于2mm；矩形两对角线长度之差小于或等于3mm。

010107 金属风管压筋加固

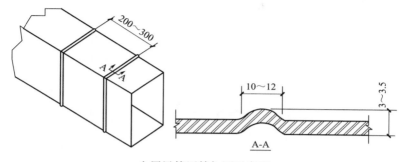

金属风管压筋加固示意图

金属风管压筋加固现场图

工艺说明

　　边长小于或等于800mm的风管宜采用压筋加固。风管压筋加固间距不应大于300mm，通常为200～300mm，靠近法兰端面的压筋与法兰间距不应大于200mm，风管管壁压筋的凸出部分应在风管外表面，排列间隔应均匀，板面应平整，凹凸变形（不平度）不应大于10mm。

010108 金属风管角钢加固

金属风管角钢加固示意图

金属风管角钢加固现场图

工艺说明

矩形风管的边长大于630mm，或矩形保温风管边长大于800mm，管段长度大于1250mm；或低压风管单边平面面积大于1.2m²，中、高压风管大于1.0m²均应有加固措施。采用角钢加固时，角钢高度应小于等于风管法兰的高度，排列整齐，间隔应均匀对称，与风管的连接应牢固，铆钉间距不应大于220mm。

010109 风管螺杆内支撑加固

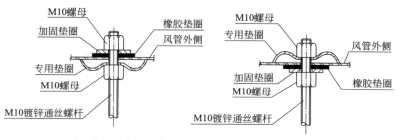

（a）正压风管加固方式　　　　（b）负压风管加固方式

风管螺杆内支撑加固示意图

风管螺杆内支撑加固现场图

工艺说明

　　矩形风管的边长大于630mm，或矩形保温风管边长大于800mm，管段长度大于1250mm；或低压风管单边平面面积大于1.2m²，中、高压风管大于1.0m²均应有加固措施。采用镀锌螺杆内支撑时，排列应整齐、间距应均匀对称，镀锌加固垫圈应置于管壁内外两侧，正压时密封圈置于风管外侧，负压时密封圈置于风管内侧，风管四个壁面均加固时，两根支撑杆交叉呈十字状。

010110 薄钢板风管法兰密封做法

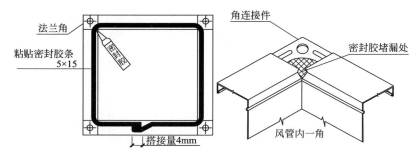

薄钢板风管法兰密封做法示意图

薄钢板风管法兰密封做法现场图

工艺说明

角件的厚度不应小于 1mm 及风管本体厚度，与薄钢板风管法兰四角接口应稳固紧贴，端面应平整，相连处的连续通缝不应大于 2mm，并在四角填充密封胶，避免漏风，密封胶固化后应保证有弹性，密封胶应具有防霉特性。

010111 金属风管角钢法兰制作

法兰的内径尺寸=风管的外径尺寸+2～3mm

A

法兰的四角都应设置螺栓孔

螺栓孔的位置处于角钢中心

法兰的内径尺寸＝风管的外径尺寸+2～3mm

B

L_4

L_3

L_1

L_2

A—法兰内径长度；*B*—法兰内径高度；L_1、L_2、L_3、L_4—风管法兰的螺栓及铆钉孔的孔距

金属风管角钢法兰制作示意图

角钢法兰下料机

金属风管角钢法兰制作现场图

工艺说明

　　根据风管尺寸计算下料长度，焊缝应融合良好、饱满，不得有夹渣和孔洞，法兰表面应平整。螺栓孔的位置处于角钢中心且四角处应设螺栓孔。同一批量加工的相同规范的法兰，其螺栓孔排列方式、间距应统一，且应具有互换性。微、低与中压系统风管法兰的螺栓及铆钉孔的孔距小于或等于150mm；高压系统风管小于或等于100mm。

010112 金属风管与角钢法兰连接

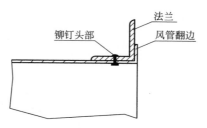

法兰
铆钉头部
风管翻边

金属风管与角钢法兰连接示意图

金属风管与角钢法兰连接现场图

工艺说明

　　风管与角钢法兰连接时，应采用翻边铆接。翻边紧贴法兰，翻边量均匀，宽度一致，不应小于 6mm，且不应大于 9mm。咬缝及四角处不应有开裂和孔洞。铆钉间距宜为 100～150mm，且数量不宜少于 4 个。铆接应牢固，无脱铆和漏铆。

010113 弹簧夹构造与安装

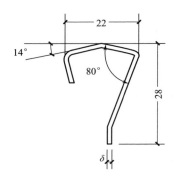

弹簧夹示意图

弹簧夹现场图

工艺说明

　　弹簧夹采用专用机械成型，板厚不小于1.0mm，且不小于风管本体厚度。弹簧夹标准长度为150mm，弹簧夹之间的间距应小于或等于150mm，最外端的弹簧夹离风管边缘空隙距离不大于100mm。

010114 矩形风管薄钢板法兰弹簧夹连接

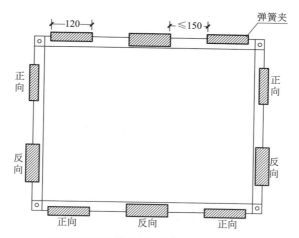

矩形风管薄钢板法兰弹簧夹连接示意图

矩形风管薄钢板法兰弹簧夹连接现场图

工艺说明

薄钢板法兰矩形风管连接时四角采用螺栓固定，中间采用弹簧夹连接，其固定的间隔不应大于150mm，最外端连接件正反交叉固定，分布均匀，不应松动。

010115 风管支吊架安装

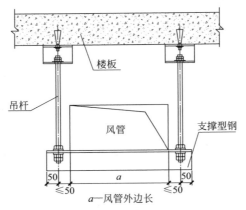

a—风管外边长

风管支吊架安装示意图

风管支吊架安装现场图

工艺说明

　　金属风管水平安装，直径或边长小于或等于 400mm 时，支吊架间距不应大于 4m；大于 400mm 时，间距不应大于 3m。螺旋风管支吊架的间距可为 5m 与 3.75m；薄钢板法兰风管的支吊架间距不应大于 3m。垂直安装时，应设置至少 2 个固定点，支架间距不应大于 4m。支吊架的设置不应影响阀门、自控机构的正常动作，且不应设置在风口、检查门处，离风口和分支管的距离不宜小于 200mm。直径或边长大于 1250mm 的弯头、三通等部位应设置单独的支吊架。

010116 风管防晃支架安装

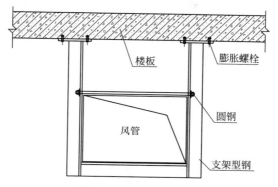

楼板
膨胀螺栓
圆钢
风管
支架型钢

风管支吊架固定点示意图

风管支吊架固定点现场图

工艺说明

　　当水平悬吊的主、干风管长度超过 20m 时，应设置防晃支架或防止摆动的固定点，且每个系统不应少于 1 个。

010117 金属风管安装

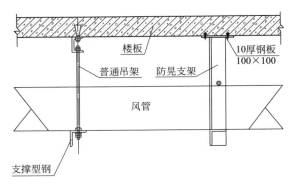

金属风管安装示意图

金属风管安装现场图

工艺说明

　　风管安装的法兰的连接螺栓应均匀拧紧，螺母宜在同一侧。风管法兰的密封垫片材质应符合系统功能的要求，厚度不小于3mm。垫片不应凸入管内，且不宜凸出法兰外；垫片接口交叉长度不应小于30mm。风管的连接应平直、不扭曲。暗装风管的安装位置应正确、无偏差。明装风管水平安装，水平度的允许偏差应为3‰，总偏差不应大于20mm。明装风管垂直安装，垂直度的允许偏差应为2‰，总偏差不应大于20mm。

010118 玻璃钢风管安装

玻璃钢风管安装示意图

玻璃钢风管安装现场图

工艺说明

采用法兰连接时，垫片宜采用 3～5mm 软聚氯乙烯板或耐酸橡胶板；直管长度大于 20m 时，应按设计要求设置伸缩节，支管的重量不得由干管承受；所有金属附件及部件均应做防腐处理，其他同金属风管安装要求。

010119 织物布风管安装

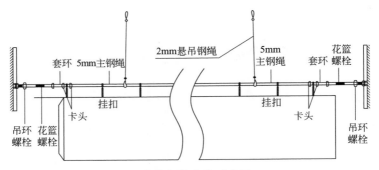

织物布风管安装示意图

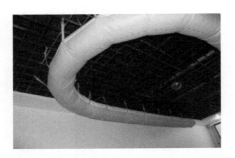

织物布风管安装现场图

工艺说明

　　水平安装钢绳垂吊点的间距不得大于 3m。长度大于 15m 的钢绳应增设吊架或可调节花篮螺栓。风管采用双钢丝绳垂吊时，两绳应平行，间距应与风管的吊点一致。滑轨的安装应平整牢固，目测不应有扭曲；风管安装后应设置定位固定。织物布风管与金属风管的连接处应采取防止锐口划伤的保护措施。垂吊吊带的间距不应大于 1.5m，风管不应呈现波浪形。

010120 风管抗震支吊架安装

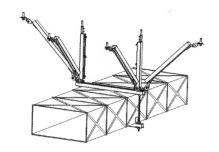

风管抗震支吊架安装示意图

风管抗震支吊架安装现场图

工艺说明

矩形截面面积大于或等于0.38m²和圆形直径大于或等于0.7m的风道可采用抗震支吊架，防排烟风道、事故通风风道应采用抗震支吊架。通风及排烟管道新建工程普通刚性材质风管抗震支吊架最大间距要求：侧向为9m，纵向为18m。

010121 | 风阀安装

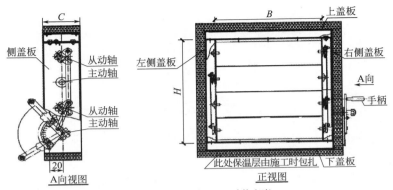

B—叶片长度；C—风阀宽度；H—叶片高度

风阀安装示意图

风阀安装现场图

工艺说明

风阀安装前应检查框架结构是否牢固，调节、制动、定位等装置是否准确灵活。风阀的安装同风管的安装，将其法兰与风管或设备的法兰对正，加上密封垫片，上紧螺栓，使其与风管或设备连接牢固、严密。风阀安装时，应使阀件的操纵装置便于人工操作。其安装方向应与阀体外壳标注的方向一致。安装完的风阀，其阀体外壳应有明显、准确的开启方向、开启程度的标志。

010122 金属风管法兰防腐

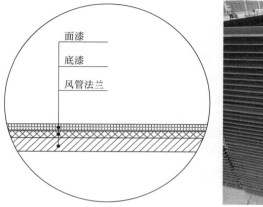

金属风管法兰防腐

工艺说明

　　风管法兰应进行防腐处理,其主要工艺为涂刷油漆,油漆可分为底漆和面漆。涂刷底漆前,应清除表面的灰尘、污垢与锈斑,并保持所漆物件干燥。面漆与底漆漆种应相同,如漆种不同时,应做亲溶性试验。涂刷油漆应使漆膜均匀,不得有堆积、漏涂、皱纹、气泡、掺杂及混色等缺陷。手工涂刷时,应根据涂刷部位选用相应的刷子,宜采用纵横交叉涂抹的作业方法。底漆与金属表面结合应紧密。其他层涂刷应精细,不宜过厚。机械喷涂时,涂料射流应垂直喷漆面。漆面为平面时,喷嘴与漆面的距离宜为 250～350mm;漆面为曲面时,喷嘴与漆面的距离宜为 400mm。喷嘴的移动应均匀,速度宜保持在 13～18m/min。喷漆使用的压缩空气压力宜为 0.3～0.4MPa。多道涂层的数量应满足设计要求,不应加厚涂层或减少涂刷次数。

010123 风机吊装安装

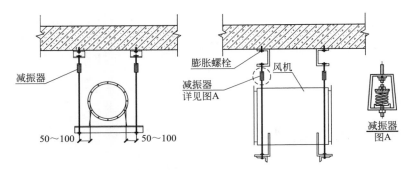

风机吊装安装示意图

减振器
膨胀螺栓 风机
减振器
详见图A
50～100 50～100
减振器
图A

风机吊装安装现场图

工艺说明

风机吊装时，吊架及减振装置应符合设计及产品技术文件的要求。风机的进、出口不得承受外加的重量，相连接的风管、阀件应设置独立的支吊架。减振器的安装位置应正确，各组或各个减振器承受荷载的压缩量应均匀一致，偏差应小于2mm。吊杆与风机外壳应有50～100mm的距离。

010124 风机落地安装

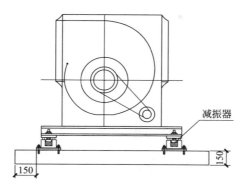

减振器

风机落地安装示意图

风机落地安装现场图

工艺说明

　　落地安装时，固定设备的地脚螺栓应紧固，并应采取防松动措施。应按设计要求设置减振装置，并应采取防止设备产生水平位移的措施。减振器的安装位置应正确，各组或各个减振器承受载荷的压缩量应均匀一致，偏差应小于2mm。风机的进、出口不得承受外加的重量，相连接的风管、阀件应设置独立的支吊架。

010125 风管与风机软连接安装

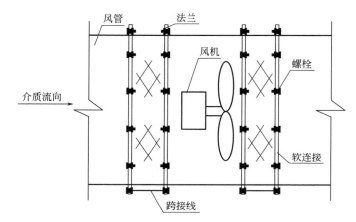

风管与风机软连接安装示意图

风管与风机软连接安装现场图

工艺说明

　　风机、风管应同心，柔性短管的长度宜为 150～250mm，软接应平顺、松紧适宜、接缝连接严密，无开裂、扭曲现象。风管软接头与角钢法兰连接时，可采用压板铆接连接，铆钉间距宜为 60～80mm。不得使用软连接作变径使用。

010126　非金属柔性风管安装

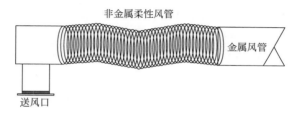

非金属柔性风管安装示意图

非金属柔性风管安装现场图

工艺说明

　　非金属柔性风管的安装，应松紧适度，目测平顺，不应有强制性的扭曲。可伸缩金属或非金属柔性风管长度不宜大于2m，柔性风管支吊架的间距不应大于1500mm。柔性短管安装不应有死弯或者塌凹。

010127 风口安装

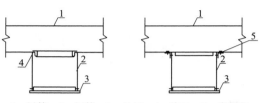

1—风管；2—短管；3—风口；4—接口；5—扁钢垫

风口安装示意图

风口安装现场图

工艺说明

　　风管与风口连接宜采用法兰连接，也可采用槽形或工字形插接连接。风口不应直接安装在主风管上，风口与主风管间应通过短管连接。风口安装位置应正确，调节装置定位后应无明显自由松动。明装无吊顶的风口，安装位置和标高允许偏差应为 10mm。风口水平安装时，水平度的允许偏差应为 3‰；风口垂直安装时，垂直度的允许偏差应为 2‰。

010128 风管漏风量检测

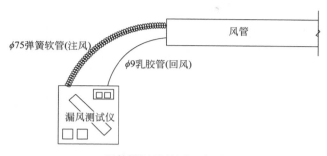

φ75弹簧软管(注风)

φ9乳胶管(回风)

风管

漏风测试仪

风管漏风量检测示意图

风管漏风量检测现场图

工艺说明

风管漏风量测试常采用漏风测试仪进行测量。矩形金属风管的严密性检验，在工作压力下的风管允许漏风量应符合：

①低压风管允许漏风量为 $Q_l \leqslant 0.1056P^{0.65}\left[\mathrm{m^3/(h \cdot m^2)}\right]$；

②中压风管允许漏风量为 $Q_m \leqslant 0.0352P^{0.65}\left[\mathrm{m^3/(h \cdot m^2)}\right]$；

③高压风管允许漏风量为 $Q_h \leqslant 0.0117P^{0.65}\left[\mathrm{m^3/(h \cdot m^2)}\right]$。

010129 风管测量孔截面位置选取

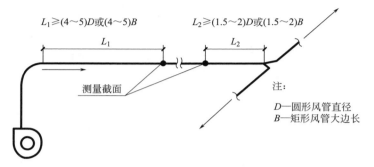

风管测量孔截面位置选取示意图

风管测量孔截面位置选取现场图

工艺说明

　　风管测量孔截面位置应选在气流比较稳定、流速比较均匀的直管段上。一般选在产生局部阻力管件之后大于或等于4～5倍管径（或风管大边长）（图中 L_1 的长度），以及产生局部阻力管件之前大于或等于1.5～2倍管径（或风管大边长）（图中 L_2 的长度）的直管段上。

010130 风口风量测量

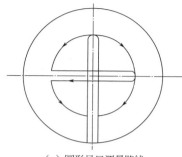

（a）圆形风口测量路线　　　　　（b）方形风口测量路线

风口风量测量示意图

风口风量测量现场图

工艺说明

　　各风口的风量与设计风量的允许偏差不应大于15%。①采用风口风速法测量时，在风口出口平面上，测点不应少于6点，并应均匀布置。②采用辅助风管法测量时，辅助风管的截面尺寸应与风口内截面尺寸相同，长度不应小于风口边长的2倍。辅助风管应将被测风口完全罩住，出口平面上的测点不应少于6点，且应均匀布置。③采用风量罩测量时，应选择与风口面积较接近的风量罩罩体，罩口面积不应大于风口面积的4倍，且罩体长边不应大于风口长边的2倍。风口宜位于罩体的中间位置；罩口与风口所在平面应紧密接触、不漏风。

第二章　排风系统

室外风管安装

室外风管安装现场图（一）

室外风管安装现场图（二）

工艺说明

　　室外风管安装系统的拉索等金属固定件严禁与避雷针或避雷网连接，风管高于建筑避雷网需增加防雷引下线。风管与型钢支架采用抱箍形式对风管形式进行加固固定。风管的支架必须要与结构固定牢靠，禁止将风管固定在建筑外保温层上。

020102 止回阀安装

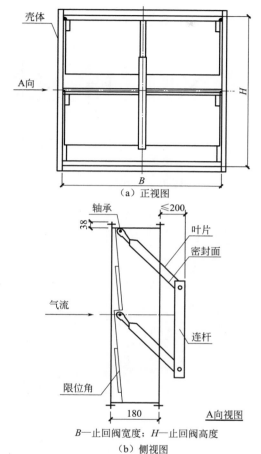

（a）正视图

B—止回阀宽度；H—止回阀高度

（b）侧视图

止回阀安装示意图

工艺说明

　　止回阀阀片的转轴、铰链应采用耐锈蚀材料，阀片在最大负荷压力下不应弯曲变形，开启应灵活，关闭应严密。止回阀应安装在水平管道上，根据气流方向保证阀门安装方向正确。

020103 厨房排风罩安装

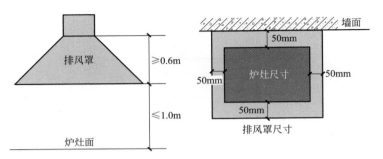

厨房排风罩安装示意图

厨房排风罩安装现场图

工艺说明

　　排风罩的平面尺寸应比炉灶尺寸大100mm；排风罩下沿距炉灶面的距离不宜大于1.0m，排风罩的高度不宜小于600mm。排风罩的罩口下沿四周应设置集油集水沟槽，并且沟槽底部应装有排油污管子。

020104 屋面油烟净化器安装

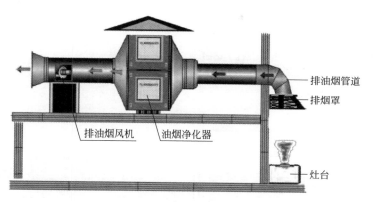

排油烟管道

排烟罩

排油烟风机 油烟净化器

灶台

屋面油烟净化器安装示意图

屋面油烟净化器安装现场图

工艺说明

　　油烟净化器室外安装时，宜在设备上方安装防雨装置以增加油烟净化设备的使用寿命，且净化器周围需要预留维修空间、机箱门应有90°以上直角自由开启空间，以便于日后保养、清洗、维修。

第三章 防排烟系统

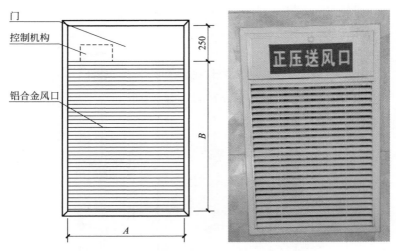

前室正压送风口（常闭型）示意图　　　　前室正压送风口现场图

工艺说明

　　安装位置符合设计要求，风口与风管的连接应严密牢固，不应存在可察觉的漏风点或部位。风口应结构牢固，风口的转动调节部分应灵活、可靠，定位后无松动现象。风口与墙体、装饰面贴合应紧密。

030102 楼梯间正压送风口安装

楼梯间正压送风口示意图

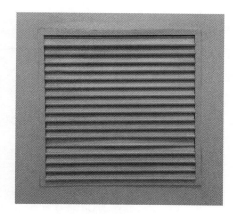

楼梯间正压送风口现场图

工艺说明

　　风口外表面平整，叶片分布均匀，颜色一致，无划痕和变形。安装位置符合设计要求，风口与风管的连接应严密牢固，不应存在可察觉的漏风点或部位，风口与墙体、装饰面贴合应紧密。

030103 风管穿防火、防爆墙体的安装

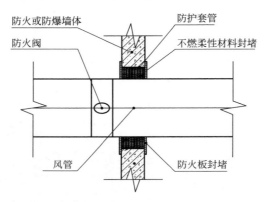

风管穿防火、防爆墙体示意图

风管穿防火、防爆墙体现场图

工艺说明

当设计无规定时，防护套管厚度不小于1.6mm。套管尺寸一般大于风管内径10cm（具体尺寸大小还需要根据实际使用情况来选择），风管与防护套管之间应采用不燃柔性材料封堵，不燃柔性材料宜为玻璃棉或岩棉。

030104 防火阀楼板上安装

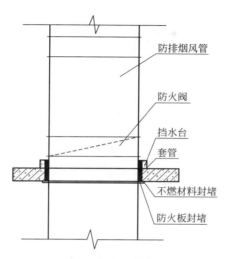

防火阀穿楼板示意图

防火阀楼板上安装现场图

工艺说明

　　安装阀门前，要检查阀门是否正常工作，动作是否灵巧和有效，阀门操作机构一侧应至少有200mm的空间，便于维护。套管厚度不应小于1.6mm，挡水台高度宜为100mm。

030105 防火阀吊装

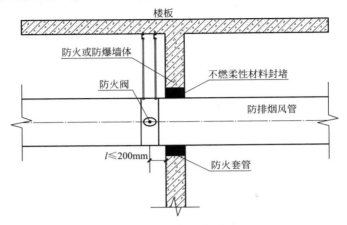

防火阀吊装示意图

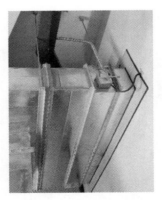

防火阀吊装（防火包裹前）现场图

工艺说明

阀门应顺气流方向关闭，防火分区隔墙两侧的排烟防火阀，距墙端面的距离（图中 l 值）不应大于 200mm。手动和电动装置应灵活、可靠，阀门关闭严密。防火阀应设独立支吊架。防火阀暗装时，应在安装部位设置方便维护的检修口。

030106 排烟阀安装

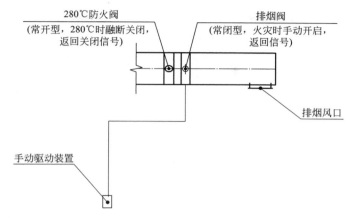

排烟阀安装示意图

手动驱动装置图

工艺说明

　　常闭排烟阀或排烟口的手动驱动装置应固定安装在明显可见、距离地面1.3～1.5m且便于操作的位置。预埋套管不得有死弯及瘪陷，安装完毕后应操控自如，钢丝绳无卡涩现象。

030107 有耐火极限要求的防排风管做法一

离心玻璃棉板（卷材）

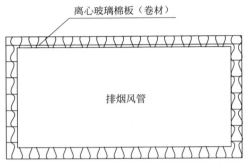

排烟风管

镀锌钢板风管（外裹玻璃棉板）示意图

镀锌钢板风管（外裹玻璃棉板）现场图

工艺说明

防排烟风管的耐火极限时间小于或等于1.5h，可在镀锌钢板风管外包裹防排烟专用离心玻璃棉、陶瓷纤维复合材料等，做法应满足设计要求。

030108 有耐火极限要求的防排烟风管做法二

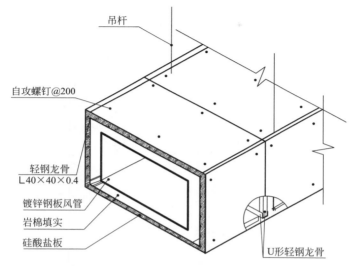

吊杆

自攻螺钉@200

轻钢龙骨
L40×40×0.4

镀锌钢板风管

岩棉填实

硅酸盐板

U形轻钢龙骨

镀锌钢板风管（外裹防火板）示意图

镀锌钢板风管（外裹防火板）现场图

工艺说明

　　防排烟风管的耐火极限时间大于1.5h，可以是金属风管外包裹岩棉（岩棉外侧宜有铝箔或彩钢板防护层）、防火板等组合而成，应符合设计要求。

030109 防排烟风管单向抗震支架

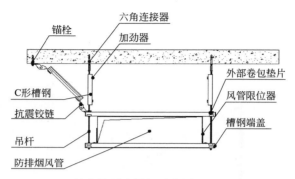

锚栓
六角连接器
加劲器
外部卷包垫片
C形槽钢
风管限位器
抗震铰链
吊杆
槽钢端盖
防排烟风管

单向抗震支吊架示意图（一）

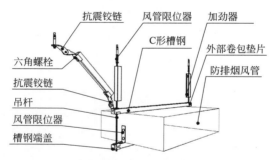

抗震铰链
风管限位器
加劲器
C形槽钢
六角螺栓
外部卷包垫片
抗震铰链
防排烟风管
吊杆
风管限位器
槽钢端盖

单向抗震支吊架示意图（二）

工艺说明

　　抗震连接构件及管道连接构件材料厚度不应小于5mm，表面采用镀锌处理。固定于混凝土结构的抗震支吊架，锚固钻孔前应用钢筋探测器检查，避免孔位遇到钢筋、线管等隐蔽物。锚固区基材表面应坚实、平整，不应有起砂、起壳、蜂窝、麻面、油污等影响锚固承载力的缺陷。

030110 防排烟风管双向抗震支架

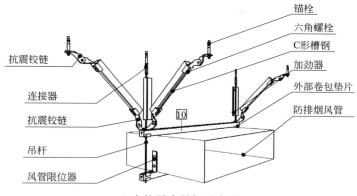

锚栓
六角螺栓
C形槽钢
加劲器
外部卷包垫片
防排烟风管

抗震铰链
连接器
抗震铰链
吊杆
风管限位器

10

双向抗震支吊架示意图

双向抗震支吊架现场图

工艺说明

全螺纹吊杆长度根据现场实际情况切割，安装垂直度偏差及其斜撑安装角度应符合设计要求。螺杆、螺母应安装锁紧，防止松动。

030111 防排烟风机落地安装

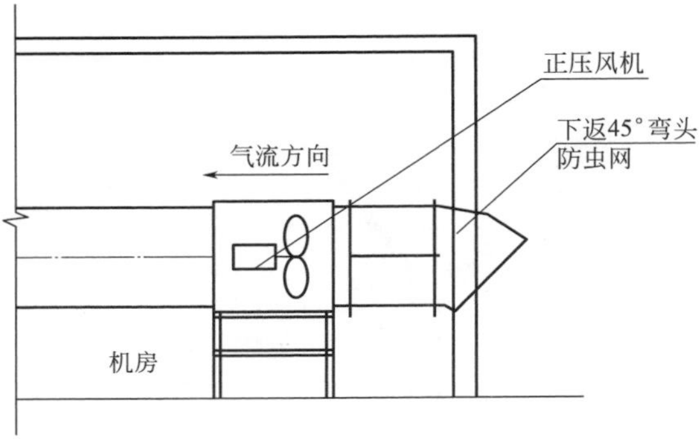
正压风机
下返45°弯头
防虫网
气流方向
机房

正压风机示意图

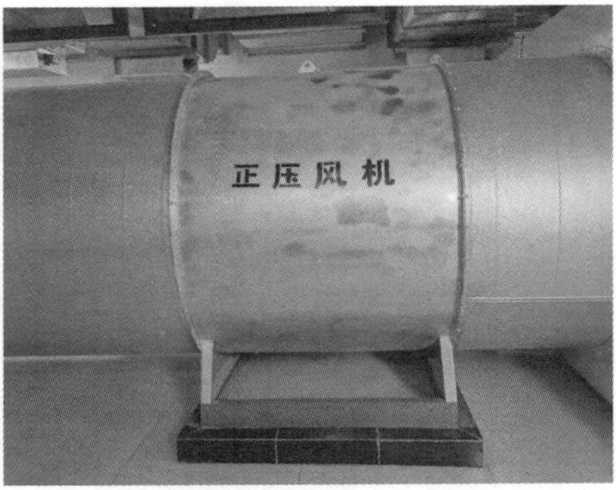
正压风机

正压风机现场图

工艺说明

防排烟系统专用风机应设在混凝土或者钢架基础上，且不应设置减振装置，外壳至墙壁或其他设备的距离不应小于600mm。

030112 排烟风机（兼排风）安装

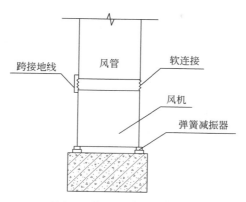

排烟风机（兼排风）示意图

排烟风机（兼排风）现场图

工艺说明

　　若排烟系统与通风空调系统共用且需要设置减振装置时，不应使用橡胶减振装置。软连接长度宜为150～250mm，材质为不燃材料。

030113 防排烟风机吊装

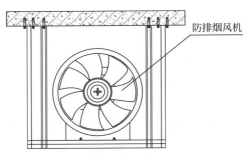

防排烟风机

防排烟风机抗震支吊架示意图

防排烟风机吊装现场图

工艺说明

　　防排烟风机要求安装在专用机房内，风机与墙体或其他设备间距应不小于600mm，保证维修空间。防排烟风机应满足280℃连续工作30min要求，防排烟风机应与风机入口处的排烟防火阀联锁，当阀门关闭时，防排烟风机应能停止运行。吊装风机的支吊架应焊接牢固、安装可靠，其结构形式和外形尺寸应符合设计或设备技术文件要求。

030114 防虫网安装

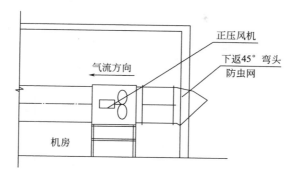

气流方向

正压风机

下返45°弯头
防虫网

机房

防虫网安装示意图

防虫网安装现场图

工艺说明

　　风机直通大气的进、出风口，必须装设防护罩、防虫网或采取其他安全防护措施。防虫网的材质应该采用耐腐蚀、耐热、坚韧、不易断裂的材料，常见的材质包括不锈钢丝网、铜丝网和镀锌铁丝网等。防虫网的网孔尺寸宜小于 6mm×6mm。

第四章　除尘系统

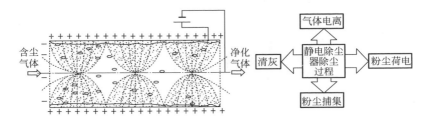

静电除尘器

工艺说明

（1）型号、规格、进出口方向必须符合设计要求；

（2）现场组装的除尘器壳体应做漏风量检测，在设计工作压力下允许漏风率为5％，其中离心式除尘器为3％；

（3）布袋除尘器、静电除尘器的壳体及辅助设备接地应可靠。

040102 油网除尘器安装

油网除尘器

工艺说明

　　当油网除尘器数量超过4块时，宜采用立式安装。立式安装可分为单列和两列并列安装形式，垂直方向可在1×2、1×3、1×4、1×5组合中任选一种；除尘器网孔大的面为迎风面，网孔小的面为背风面；安装油网除尘器的隔墙宜为钢筋混凝土墙。

第五章　舒适性空调系统

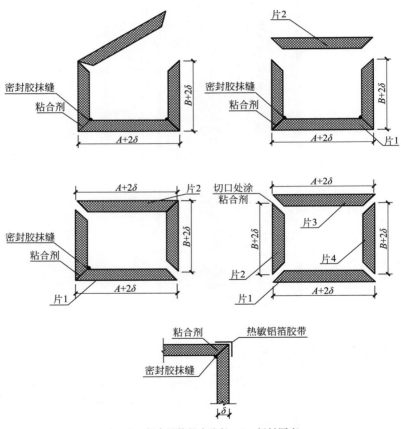

A、B—复合风管的内边长；δ—板材厚度

复合风管制作图（一）

复合风管制作图（二）

工艺说明

放样与下料在平整、洁净的工作台上进行，不得破坏覆面层。矩形复合风管的四面壁板可由一片整板切豁口、边口折合粘接而成；也可由整板切口、切边拼合粘接而成，切割应平直。板材切断成单块风管板后进行编号。刀片留出的长度一定要经过调试，保持合适，使其既能将板材保温部分切穿，又能保证外层的铝箔不被割破。风管粘合成型前需预组合，检查并确认接缝准确、角线平直后，再涂粘合剂。粘接时，切口处均匀涂满粘合剂。管段成型后，风管内角缝采用密封材料封堵；外角缝铝箔断开处采用热敏铝箔胶带封贴，封贴宽度每边不小于20mm。

050102 玻璃纤维复合板风管制作

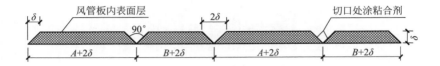

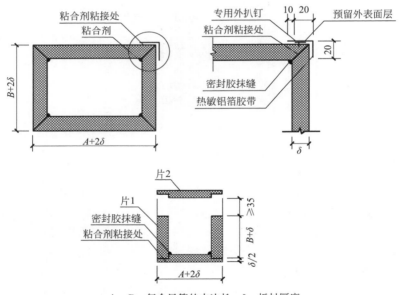

A、B—复合风管的内边长；δ—板材厚度

复合风管制作图（一）

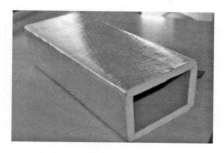

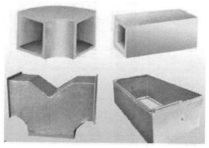

复合风管制作图（二）

工艺说明

　　由铝箔、超细离心玻璃棉板、防微生物材料复合而成。每节风管长度为1.2～2m。长边A小于或等于400mm时采用承插接口，A大于400mm时采用法兰接口。风管一般采用一片结构法制作，当展开长度大于3m时可用多片法（可参照聚氨酯复合风管制作相关工艺）。成形后的折角缝或闭合缝必须粘合严密，热敏铝箔胶带粘贴平整严密，管壁无破损及孔洞、表面无污迹及腐蚀。

050103 机制玻镁复合风管制作

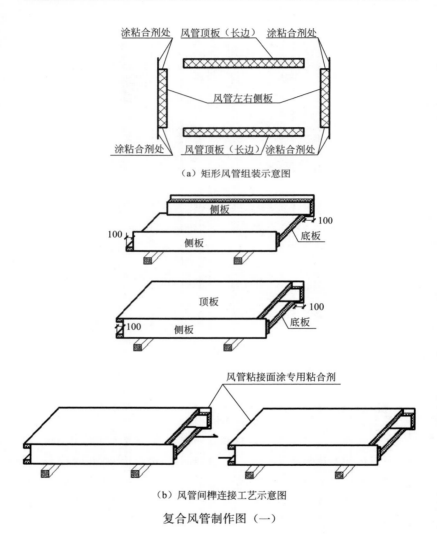

（a）矩形风管组装示意图

（b）风管间榫连接工艺示意图

复合风管制作图（一）

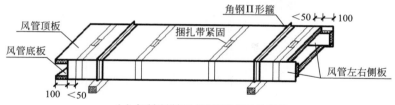

（c）机制玻镁复合板风管的捆扎示意图

复合风管制作图（二）

工艺说明

　　复合风管由四块板粘接而成。板材切割线平直，切割面与板面垂直。切割风管侧板时，切割出组合用的阶梯线，切割深度不应触及板材外覆面层。边长大于2.26m的风管板对接粘接后，在对接缝的两面分别粘贴3～4层宽度不小于50mm的玻璃纤维布。粘贴前用砂纸打磨粘贴面，并清除粉尘，粘合剂涂刷均匀、饱满。上下板与左右侧板错位100mm，形成风管端口错位接口形式。风管组装完成后，在组合好的风管两端扣上角钢制成Ⅱ形箍，然后用捆扎带对风管进行捆扎。粘合剂固化后，拆除捆扎带及Ⅱ形箍，并再次修整粘接缝余胶，填充空隙，放置在平整的场地中。

050104 复合风管部件制作

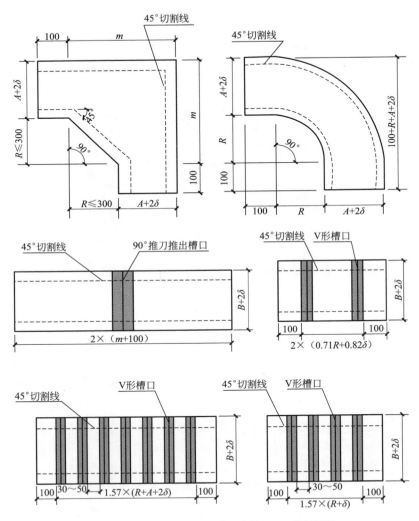

A、B—复合风管的长度、宽度（内径）；δ—板材厚度；

R—弯头内弧曲率半径；m—长度

复合风管部件制作图（一）

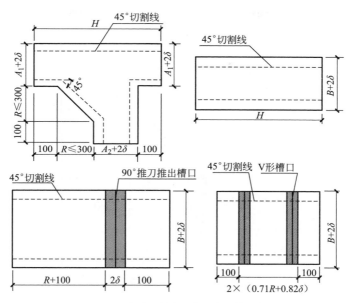

A_1、A_2、B—复合风管主风管、支风管的内边长；

δ—板材厚度；R—三通内弧曲率半径；H—长度

复合风管部件制作图（二）

工艺说明

　　矩形弯管采用内外同心弧形或内外同心折线形，曲率半径宜为平面边长。弯头的圆弧面宜采用机械压弯成型制作。当采用其他形式的弯管（内外直角、内斜线外直角），平面边长大于500mm时应设置弯管导流片。

　　风管的三通、四通宜采用分隔式或分叉式；弯头、三通、四通、大小头的圆弧或折线面应等分对称划线。风管每节管段（包括三通、弯头等管件）的两端面应平行，与管中线垂直。

　　风管的圆弧面或折线面，下完料、折压成弧线或折线后，应与平面板预组合无误后再涂胶粘接，以保证管件的几何形状尺寸及观感。

050105 复合风管加固

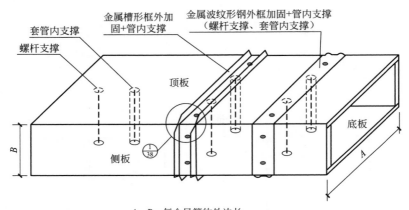

A、B—复合风管的外边长

（a）玻璃纤维复合板风管常用加固做法

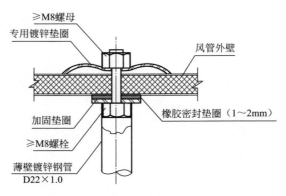

（b）金属套管内加固

复合风管加固图（一）

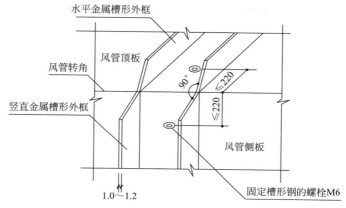

（c）金属槽形框节点示意图

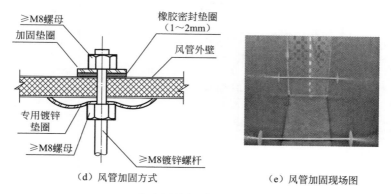

（d）风管加固方式　　　　　　　（e）风管加固现场图

复合风管加固图（二）

工艺说明

　　风管采用直径不小于 8mm 的镀锌螺杆做内支撑加固，内支撑件穿管壁处应密封处理，横向加固点数和纵向加固间距应符合规范规定。风管采用外套角钢法兰或 C 形插接法兰连接时，法兰处可作为一加固点；风管采用其他连接形式，其边长大于 1.2m 时，在连接后的风管一侧距连接件 250mm 处设横向加固。

050106 复合风管连接

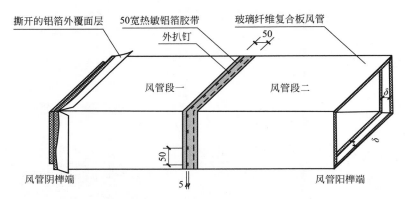

撕开的铝箔外覆面层　　50宽热敏铝箔胶带　　玻璃纤维复合板风管

外扒钉

50

风管段一　　　　　　风管段二

δ

50

5

δ

风管阴榫端　　　　　　　　　　　　　　风管阳榫端

δ—风管阴阳榫连接深度

玻璃纤维复合风管

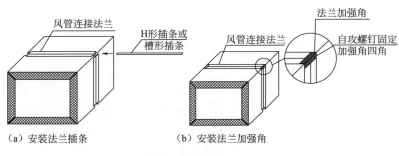

风管连接法兰

H形插条或
槽形插条

法兰加强角

风管连接法兰

自攻螺钉固定
加强角四角

（a）安装法兰插条　　　　（b）安装法兰加强角

酚醛和聚氨酯复合风管

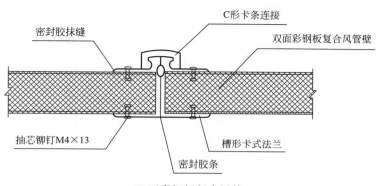

双面彩钢板复合风管

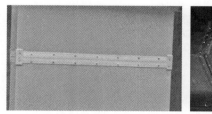 

复合风管连接图

工艺说明

　　风管与风管间的管段,采用法兰专用插接件连接。插入插条后,用密封胶将风管的四个角所留下的孔洞封堵严密;安装护角。复合风管与带法兰的阀部件、设备等连接时,宜采用强度符合要求的F形或H形专用连接件。专用连接件由PVC或铝合金材料制成。连接件与法兰之间使用密封性能良好、柔性强的垫料,连接件与法兰平整、无缺损,无明显扭曲。

050107 复合风管安装

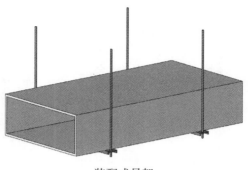

装配式吊架

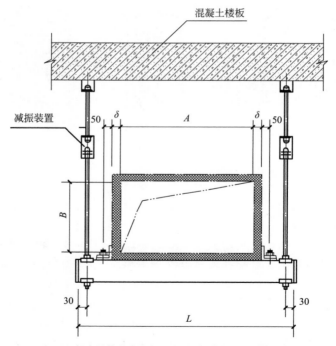

混凝土楼板

减振装置

A、B—复合风管的内边长；δ—板材厚度；L—横梁长度

装配式固定吊架（一）

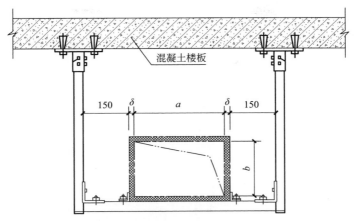

混凝土楼板

a、b—复合风管的内边长；δ—板材厚度

装配式固定吊架（二）

复合风管现场安装图

工艺说明

　　按图纸确定的标高、坐标安装风管支吊架，位置应准确，与结构固定牢靠，竖向组成件垂直，横担平整。横担采用 50C 型钢或角铁，吊杆采用 ϕ8 圆钢。水平安装时支吊架间距应根据风管截面尺寸确定，垂直安装时间距不应大于 2.4m。风管首末端应设置防止风管摆动的支架，风管每 10m 宜增设一个防摆动支架。风管分段连接组装完毕后，平稳移动至图纸标高位置，防止接口因扰动而漏风。调节横担下方螺母，使横担与风管接触紧密，确保风管标高、坐标准确，且横担受力均匀。

050108 柔性风管安装

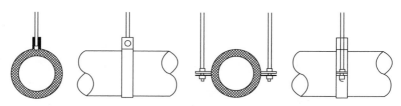

柔性风管安装示意图

柔性风管安装现场图

工艺说明

柔性风管应用不燃材料制作，用于空调系统时应采取防结露措施，例如铝箔金属保温管。铝箔保温软管的安装可参照小管径圆形风管的安装方式，吊卡箍用 40mm×4mm 扁钢制作，可直接安装在保温层上。支吊架的间距应小于 1.5m。保温软管的连接插接长度应大于 50mm。柔性风管安装后，应能充分伸展，伸展度大于或等于 60%；风管转弯时截面不应缩小，不应有死弯或塌凹；用于支管安装时长度宜小于 2m，超过 2m 的可在中间位置加装不大于 600mm 金属直管段，总长度不应大于 5m；柔性风管与角钢法兰应采用厚度大于或等于 0.5mm 的镀锌钢板将风管与法兰铆接紧固；圆形风管连接宜采用卡箍紧固，插接长度应大于 50mm。

050201 组合式空调处理设备（空调机组）组装

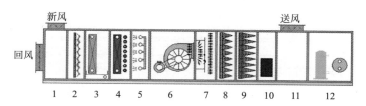

1—混合段；2—初效过滤段；3—表冷除湿段；4—加热段；5—加湿段；
6—风机段；7—均流段；8—中效过滤段；9—亚高效过滤段；10—杀菌段；
11—出风段；12—主机段

空调机组示意图

空调机组安装现场图

工艺说明

空调机组安装时，应检查各功能段的排列顺序是否与设计图纸相符；各功能段之间是否连接严密；机组是否安装平直，检查门是否开启灵活，并能锁紧；机组内是否清扫干净；空气过滤器和空气热交换器翅片是否清洁完整。组装完毕进行漏风量测试，通用机组在700Pa静压下，漏风率不应大于2%。

050202 空调处理设备、新风机组落地安装

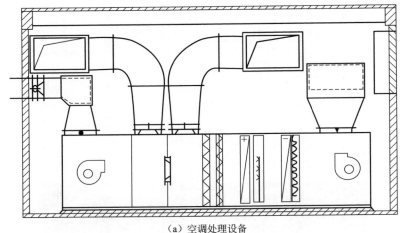

（a）空调处理设备

如果空调处理设备不带水封，水封做法可参考下图：

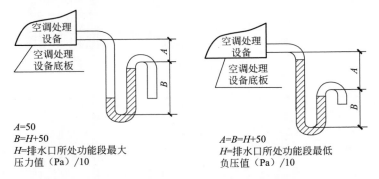

A=50
B=H+50
H=排水口所处功能段最大
压力值（Pa）/10

A=B=H+50
H=排水口所处功能段最低
负压值（Pa）/10

（b）空调处理设备内正压段排水水封示意图　（c）空调处理设备内负压段排水水封示意图

空调处理设备安装示意图

空调处理设备落地安装图

工艺说明

　　按空调处理设备的外形几何尺寸设置混凝土基础，基础高度不小于100mm。设备安装平整、牢固，就位尺寸准确，连接严密。减振措施设置合理、有效，无污损，地脚螺栓应设置防松动措施。各组减振器承受荷载应均匀，运行时不得出现移位现象。供回水管道、加湿管道、风管等与机组均应采取柔性连接，且固定支架设置合理。

050203 空调处理设备、新风机组吊装

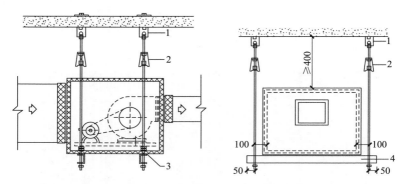

1—U形槽钢；2—减振吊钩；3—橡胶垫；4—横梁

空调处理设备吊装示意图

空调处理设备吊装现场图

工艺说明

　　机组设置独立的支吊架，安装稳固，高度、位置正确。机组支吊架应采取相应减振措施，应采用吊架弹簧减振器；吊杆安装螺母处均应设有平光垫、弹簧垫，机组安装板上部应设置胶垫、螺母。暗装时，装饰面应设置检修孔。

050204 空气热回收机组（装置）安装

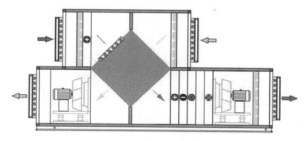

空气热回收机组示意图

空气热回收机组安装现场图

工艺说明

　　空气热回收机组的周围，应考虑适当的设备检修和空气过滤器抽取空间。热回收机组落地安装时，应设置在设备专用基础上，基础高度可取 50～100mm，尺寸宜取设备底座外扩 100mm。热回收机组在安装完毕后，应进行新风、排风之间交叉渗漏风的监测调试，以及通风、空调系统与该机组的联动调试。

050205 无风管远程送风空调机组安装

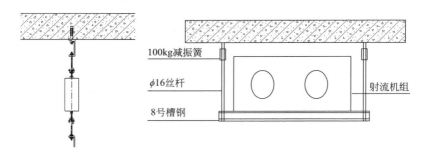

100kg减振簧

φ16丝杆

8号槽钢

射流机组

无风管远程送风空调机组安装示意图

无风管远程送风空调机组安装现场图

工艺说明

　　机组可刚性安装，安装应牢固，紧固件、弹簧垫、平垫齐全，且均为镀锌件。有减（隔）振要求时，应选用吊架弹簧减振器，风量小于或等于 $800m^3/h$ 时可采用橡胶减振垫。就位后检查水平度或垂直度，应符合要求。

050206 新风换气机安装

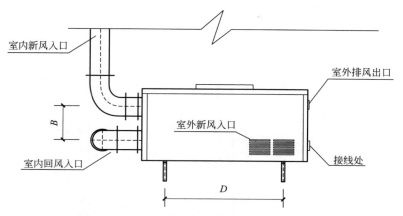

室内新风入口

室外排风出口

B

室外新风入口

室内回风入口

接线处

D

B—新风机室内新风入口管至室内回风入口管中间距；D—托架固定架间距

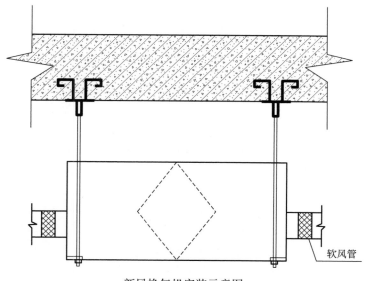

软风管

新风换气机安装示意图

新风换气机安装现场图

工艺说明

　　新风换气机可刚性安装，额定风量大于 $1000m^3/h$ 时宜落地安装，并用膨胀螺栓固定；有减（隔）振要求时，落地安装应选用阻尼弹簧复合减振器，吊装应选用吊架弹簧减振器，风量小于或等于 $800m^3/h$ 时可采用橡胶垫，应采用软连接与管道连接。就位后检查水平度或垂直度是否符合要求。检修板两侧应留有不小于 1m 的检修空间，吊顶内安装时，吊顶上应预留检查口。室外新风取风口应布置在排风出口上风侧，出风口应安装风阀，设备停止运行时风阀关闭。

050301 空气过滤器安装

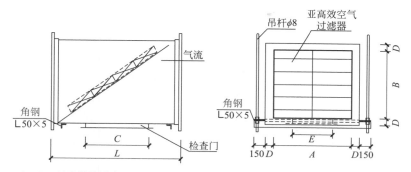

A、B—过滤器的尺寸；D—法兰宽度；C、E—检查门的尺寸；L—过滤段的长度

空气过滤器示意图

空气过滤器设备图

工艺说明

空气过滤器可由一种或多种净化技术组合构成，可安装在通风管道或空气处理设备中，固定在框架卡槽内，且便于拆卸和更换。空气过滤器与框架及框架与风管或机组壳体之间应严密。过滤段应设置检修门，初效过滤器每月定期清洗；中效过滤器每四个月（或终阻力达到初阻力 2 倍时）进行清洗或更换。

050302 消声器安装

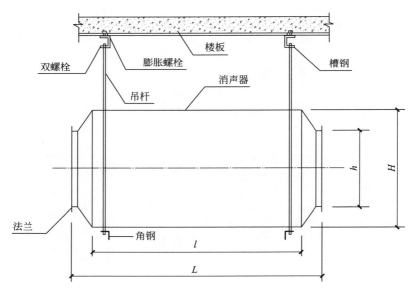

L—消声器的总长度；l—消声器的有效长度；H—消声器的外形尺寸；

h—消声器异径管的连接段尺寸

消声器安装示意图

消声器安装现场图

工艺说明

（1）消声器的安装位置、方向必须正确，应设置单独的支吊架，必须保证所承担的载荷满足要求。

（2）消声器安装前应保持干净，做到无油污和浮尘，应检查支吊架等固定件的位置是否正确，预埋件或膨胀螺栓是否安装牢固可靠。

（3）消声器安装的位置、方向应正确，与风管或阀部件法兰连接应保证严密、牢固，不应有损坏与受潮。

（4）两组同类型消声器不宜直接串联；大型组合式消声室的现场安装，应按照施工顺序进行；消声组件的排列、方向与位置应符合设计要求。

（5）当有2个或2个以上消声元件组成消声组件时，其连接应紧密，不应松动，连接处表面过渡应圆滑顺气流。

050303 静压箱安装

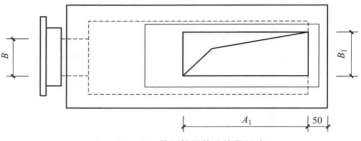

A_1、B_1、B—静压箱风管连接段尺寸

静压箱示意图

静压箱安装现场图

工艺说明

　　静压箱应设置单独的支吊架，必须保证所承担的载荷。静压箱支吊架的横置角钢上穿吊杆的螺孔距离，应比消声器宽 40～50mm。为了便于调节标高，可在吊杆端部套有 50～60mm 的丝扣，以便找平、找正。静压箱的安装位置、方向必须正确，与风管或管件的法兰连接应保证严密牢固。吊杆与横担应用双螺母连接，横担应水平。

050304 旋流风口安装

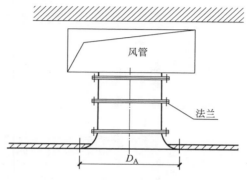

D_A—旋流风口外径

（a）风管直接与风口连接

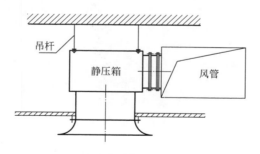

（b）静压箱侧接风管

旋流风口安装示意图

旋流风口安装现场图

工艺说明

　　风口的活动零件，要求动作自如、阻尼均匀，无卡死和松动。导流片为可调节或可拆卸的产品，要求调节拆卸方便、可靠，定位后无松动现象。风口外表装饰面应平整，叶片分布应匀称、颜色应一致，无明显的划伤和压痕。

050305 条形风口安装

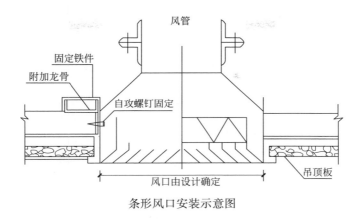

风管

固定铁件
附加龙骨
自攻螺钉固定
风口由设计确定
吊顶板

条形风口安装示意图

条形风口安装现场图

工艺说明

安装风口前要对风口进行仔细检查，看风口有无损坏、表面有无划痕等缺陷。风口安装后应对风口活动件再次进行检查。在安装风口时，注意风口与房间内线条一致。为增强整体装饰效果，条形风口拼接要对缝整齐，风口安装采用内固定方法。

050306 百叶风口安装

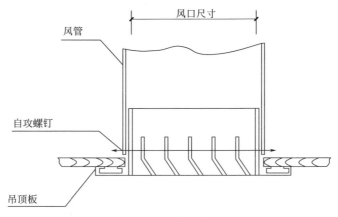

风口尺寸

风管

自攻螺钉

吊顶板

百叶风口安装示意图

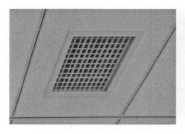 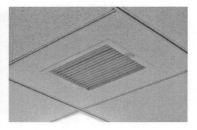

百叶风口安装现场图

工艺说明

　　吊顶时不可将风口直接安装在水平风管上，应设短接头。风口的外表装饰应平直，叶片应分布匀称、颜色一致，无明显的划伤和压痕；风口完成面应与墙面、吊顶齐平，不能有缝隙；注意固定螺钉的隐藏，不要安装在明露的地方；风口临窗出风方向应朝窗户方向；成排风口安装应排列整齐；风口内部衔接风管应进行颜色处理，在风口下看不到风管的金属光泽。

050307 散流器安装

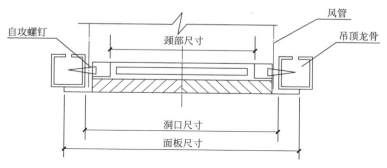

散流器安装示意图

散流器安装现场图

工艺说明

　　安装散流器前要仔细检查，看散流器有无损坏、变形，表面有无划痕等缺陷。安装后应对风口活动件再次进行检查。在安装时，注意散流器与房间内装饰效果协调、一致，安装居中、方正。为增强整体装饰效果，散流器的安装采用内固定方法。送风温度小于露点温度时应采用低温型散流器。

050308 球形风口安装

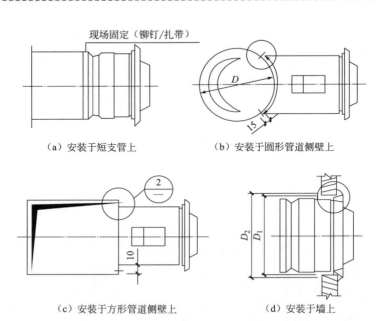

（a）安装于短支管上　　　　　（b）安装于圆形管道侧壁上

（c）安装于方形管道侧壁上　　　（d）安装于墙上

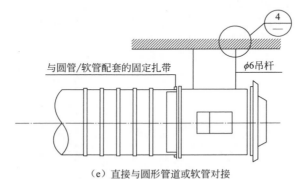

（e）直接与圆形管道或软管对接

球形风口安装示意图

球形风口安装现场图

工艺说明

　　球形风口内外球面间的配合应松紧适度，转动自如，风量调节片应能有效地调节风量。风口与风管的连接应严密、牢固，与装饰面相紧贴。表面平整、不变形，调节灵活、可靠。同一厅室、房间内相同风口的安装高度应一致，排列应整齐。

050401 风机盘管进场检查

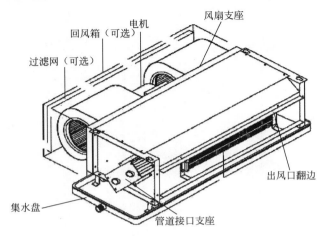

过滤网（可选）　回风箱（可选）　电机　风扇支座

出风口翻边

集水盘

管道接口支座

风机盘管示意图

风机盘管进场检验

◆ 工艺说明

　　风机盘管机组进场应进行开箱检查，并抽样经第三方复试合格后进行通电试验检查、三速测试及水压试验。电气部分不应漏电，机械部分运转应灵活，三档风速切换灵活。水压试验压力为系统工作压力的 1.5 倍，试验观察时间为 2min，不渗漏为合格。检查数量按总数抽查 10%，且不得少于 1 台。

050402 卧式风机盘管机组吊装

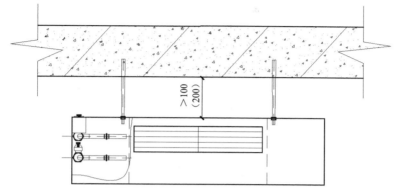

卧式风机盘管机组吊装示意图

卧式风机盘管机组吊装现场图

工艺说明

  卧式风机盘管机组应设置独立的支吊架，安装稳固，高度、位置应正确，应保证机组冷凝水泄水管侧略低。机组支吊架应采取相应减振措施，应采用 XHS 型吊架弹簧减振器，声音环境要求不高时可采用橡胶垫；吊杆安装螺母处均应设有平光垫、弹簧垫，机组安装板上部应设置胶垫、螺母。暗装时，装饰面应设置检修孔。

050403 立式风机盘管机组安装

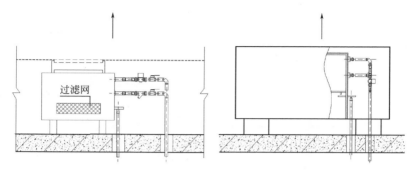

立式风机盘管机组安装示意图

立式风机盘管机组安装现场图

工艺说明

立式风机盘管机组有明装、暗装两种方式。地面平整，机组支腿均与地面接触严密，以确保机组安装稳固，立式机组后表面距墙小于或等于50mm，立柱式机组后表面距墙大于或等于200mm。暗装时应注意做好与装饰面板间的防冷桥措施，送风格栅或网式风口面积不应小于回风口面积的1.5倍。当供回水管、冷凝水管必须设置在下一层时，穿楼板处应设置套管，并做好保温及封堵。

050404 风机盘管机组管路连接

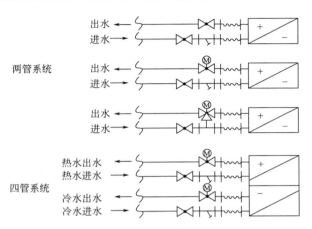

风机盘管机组管路连接示意图

风机盘管机组管路连接现场图

工艺说明

　　风机盘管机组管路连接有两管制及四管制两种方式。水平出风时，风管平直段长度不宜小于200mm，应与机组采用柔性连接。出风管应进行防结露保温，柔性风管应为保温型。供回水管与设备的进出口连接应采用金属软管并安装阀门等部件，供水入口处应装设过滤器，当设置水量自动调节时还需安装电动两通阀或三通阀。冷凝水管坡度不小于1‰，应采用透明塑料软管与设备连接。金属管道应采取防结露措施。

050405 变风量、定风量及变制冷剂空调末端装置安装

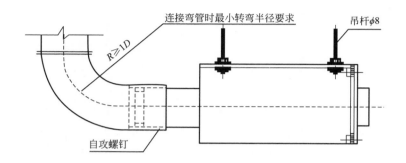

连接弯管时最小转弯半径要求

吊杆φ8

$R \geq 1D$

自攻螺钉

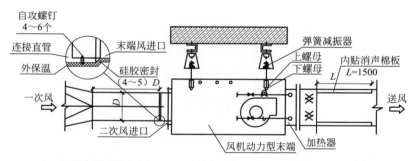

自攻螺钉 4~6个

连接直管

外保温

末端风进口

硅胶密封 (4~5) D

D

一次风

二次风进口

弹簧减振器

上螺母 下螺母

内贴消声棉板 $L=1500$

L

风机动力型末端

加热器

送风

R—连接弯管时转弯半径；D—连接段风管尺寸；L—内贴消声棉板长度

空调末端装置安装示意图

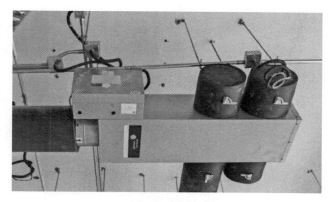

空调末端装置安装现场图

工艺说明

　　安装位置应满足最不利点风量要求；空调末端装置应设独立支吊架。吊架上下均应配置螺母，方便调节，保证末端设备的水平度。风机动力型末端装置与吊架之间应采取相应减振措施；出风口与风道的连接宜采用承插方式；空调末端装置箱体距其他管线的距离应大于50mm；接线箱距其他管线及墙体应有充足的检修空间，且宜大于600mm；空调末端装置应预留调试检修口。

050406 变风量空调末端装置风管安装

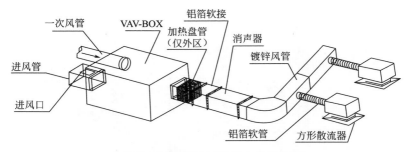

变风量空调末端装置风管安装示意图

变风量空调末端装置风管安装现场图

工艺说明

末端装置进风支管应保持平直光滑，不设变径管。按末端装置一次风入口尺寸确定进风支管管径，一次风管应包在末端进风口外以套入方式与末端连接（末端装置预留接口长度80mm），进风接管直径应比末端装置一次风入口大3mm，以便末端一次风入口插入一次送风道内。出风管到送风口一般采用消声软管连接，出风口与软管的连接宜采用套接。软管长度不应大于2m且平直、弯曲程度小。

050501 金属风管玻璃棉板保温钉安装

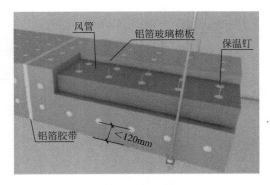

保温钉安装示意图

保温钉安装现场图

工艺说明

　　风管表面应洁净，无锈蚀、无油渍及污物，需进行防腐处理的风管及法兰完成防腐作业，并经严密性试验合格。将粘接剂分别涂抹在管壁和保温钉的粘接面上，稍后再将其粘上。矩形风管及设备保温钉应均布，底面每平方米不少于16个，侧面每平方米不少于10个，顶面每平方米不少于6个。首行保温钉至风管或保温材料边沿的距离应小于120mm。保温钉钉上后应待12~24h后再铺覆保温材料。

050502 风管铝箔敷面玻璃棉板保温

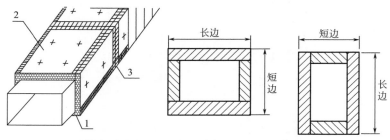

1—保冷（温）层；2—铝箔玻璃布贴面层；3—铝箔胶带

铝箔敷面玻璃棉板保温示意图

铝箔敷面玻璃棉板保温现场图

工艺说明

风管表面应洁净，无锈蚀、油渍及污物，需要防腐处理的风管及法兰应进行防腐作业，并经严密性试验方为合格。风管法兰部位的绝热层厚度，不应低于风管绝热层厚度的80%。铝箔敷面玻璃棉板的拼缝要用铝箔胶带封严。胶带宽度在拼缝处为50mm，在风管转角处为80mm。粘胶带时要用力均匀且适度。

050503 风管保温外缠玻璃布

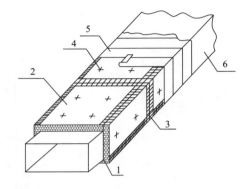

1—保冷（温）层；2—铝箔玻璃布贴面层；3—铝箔胶带；
4—加固卡子；5—玻璃布；6—防火涂料

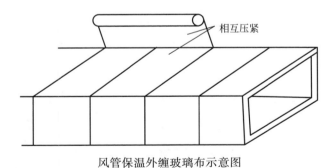

风管保温外缠玻璃布示意图

风管保温外缠玻璃布现场做法图

工艺说明

　　风管保温层粘贴密实，拼缝严密，均匀平整，检查无误后将定型角条粘贴在风管保温层的阳角部位。检查保温层已安装完毕且合格后，将缠裹材料起始头固定在既定缠裹的起点处，玻璃布搭接的宽度应均匀，宜为 30～50mm，光边压在毛边外侧，均匀用力往保温材料上进行缠裹，缠裹方向应按照逆水流方向进行，搭接宽度应一致，不得出现颜色差别较大的部位。甩头要用卡子卡牢或用胶粘牢。

050504 金属风管橡塑保温

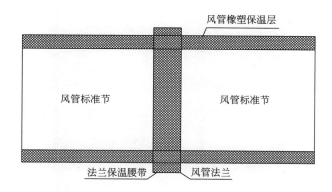

风管橡塑保温层

风管标准节

风管标准节

法兰保温腰带

风管法兰

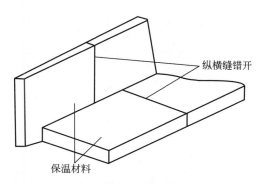

纵横缝错开

保温材料

金属风管橡塑保温示意图

金属风管橡塑保温现场做法图

工艺说明

　　橡塑保冷（温）材料气密性好，可不设置隔汽层及保护层。保温作业前风管应经漏风量测试合格。风管及管件表面应洁净，无锈蚀、油渍及污物，需进行防腐处理的风管及法兰完成防腐作业。在保冷（温）材料和风管表面网格状涂刷不燃性胶水。绝热材料纵向接缝，且不宜设在风管或设备的底面。

050505 风管内保温制作

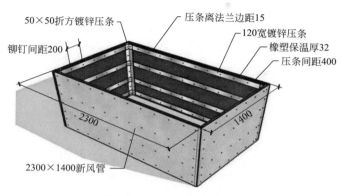

50×50折方镀锌压条
铆钉间距200
压条离法兰边距15
120宽镀锌压条
橡塑保温厚32
压条间距400
2300
1400
2300×1400新风管

风管内保温制作示意图

风管内保温制作现场图

工艺说明

　　保温材料按设计要求选用。在进行裁剪时，首先将橡塑板材置于平整的木板上，依照每节风管尺寸下料，分四块板材；最后使用端面平直的模具（靠尺）压住板材，利用专用割刀进行裁剪。严禁随意切割，造成裁口不平整，影响保温效果及美观。采用压条或垫板的方式固定保温材料。保温材料如采用玻璃棉类，玻璃棉内表面应涂有固定化涂层，铺覆后应在法兰处保温材料断面上涂抹固定胶，防止纤维被吹起。

第六章 恒温恒湿空调系统

060101 电加热器安装

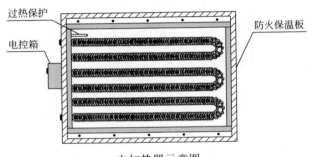

过热保护

电控箱

防火保温板

电加热器示意图

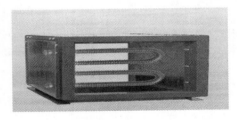

电加热器设备图

工艺说明

　　电加热器接线柱外露时，加装安全防护罩。电加热器外壳应接地良好。连接电加热器的风管法兰垫料采用耐热、不燃材料。

060102 精密空调机组安装

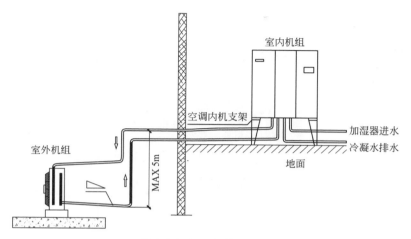

精密空调机组安装示意图

精密空调机组安装现场图

工艺说明

　　设备安装前，油封、气封良好，且无腐蚀。隔振安装位置和数量正确，各个隔振器的压缩量均匀一致，偏差不大于2mm。机组与水管道连接时，设置隔振软接头，其耐压值大于或等于设计工作压力的1.5倍。

第七章 净化空调系统

净化空调机组安装示意图

净化空调机组安装现场图

工艺说明

设备安装前，油封、气封良好，且无腐蚀。隔振安装位置和数量正确，各个隔振器的压缩量均匀一致，偏差不大于2mm。机组与水管道连接时，设置隔振软接头，其耐压值大于或等于设计工作压力的1.5倍。

070102 洁净室高效过滤器安装

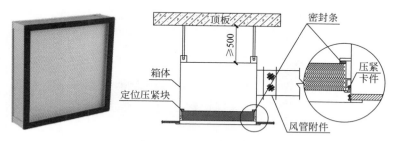

高效过滤器安装示意图

工艺说明

　　高效过滤器的安装应便于拆卸和更换；高效过滤器与框架及框架与风管或机组壳体之间应严密；静电空气过滤器安装时，金属外壳应接地良好。运输和存放过程中，需按照厂家标识的方向放置。安装前需对洁净室、净化空调系统进行清扫、擦拭，在技术夹层或吊顶内安装高效过滤器，则对技术夹层或吊顶内也应进行全面清扫、擦净。必须在安装现场拆开包装进行外观检查及检漏，不允许用手撕毁或打开包装袋或包装膜。安装高效过滤器时，外框上箭头应和气流方向一致；当其垂直安装时，滤纸折痕方向应垂直于地面。高效过滤器与连接框架之间的密封条必须严密。

070103 高效过滤器风口安装

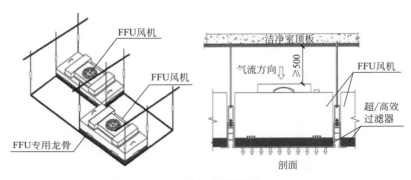

FFU—风机过滤器单元

高效过滤器风口安装示意图

高效过滤器风口安装现场图

工艺说明

高效过滤器风口由高效过滤器、送风口（箱体和扩散孔板）组合而成。安装后必须保证内壁清洁，无浮尘、油污、锈蚀及杂物等。风口安装完毕应随即与风管连接好，开口端用塑料薄膜和胶带密封。

070104 高效过滤器的框架安装及密封

高效过滤器的框架安装及密封图

工艺说明

　　安装高效过滤器的框架应平整。每个高效过滤器的安装框架平整度允许偏差不大于1mm。高效过滤器和框架之间的密封一般采用密封垫、不干胶、负压密封、液槽密封和双环密封等方法，密封前必须把填料表面、过滤器边框表面、框架表面及液槽擦拭干净。高效过滤器与连接框架之间的密封垫厚度不宜超过8mm，压缩率为25%～35%。其接头形式和材质应符合设计要求。框架各接缝处必须严密，严禁渗漏、变形、破损和漏胶等。

070105 层流罩安装

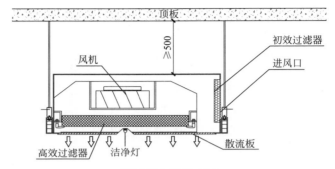

层流罩安装示意图

层流罩安装现场图

工艺说明

　　层流罩在安装前，应进行外观检查，无变形、脱落、断裂等现象。风机过滤单元的高效过滤器安装前应按规定检漏，方向必须正确。层流罩安装应保持整体平整，吊顶衔接良好，水平偏差不得超过 0.1‰，高度允许偏差为 ±1mm。层流罩吊装采用独立的立柱或吊杆，并设有防晃动的固定措施。机体安装后，机组上方至少须预留 500mm 以上的空间，以利于机体维修。

070201 高效过滤器检漏

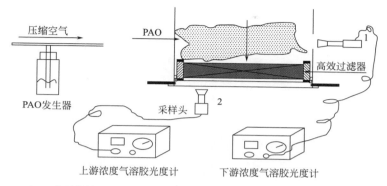

PAO—粒子化剂的缩写，用于气溶胶发生器产生悬浮微粒子；1—下游浓度
气溶胶光度计采样头采样点；2—上游浓度气溶胶光度计采样头采样点

高效过滤器检漏示意图

高效过滤器检漏现场图

工艺说明

　　高效过滤器安装前应按规定检漏，检验高效过滤器的材料有无破损。高效过滤器若有破损则应修补或更新，然后重新再测。边框若有泄漏，应重新安装、调整，直到无泄漏为止。

070202 洁净度测试

洁净度测试现场图

工艺说明

　　测定人员必须穿洁净服，站立在采样口的下风侧。根据洁净区面积确定最低限度的采样点数。采样点布置力求均匀，且应分布于整个洁净区面积内，并位于工作区或距地面 0.8m 的水平面。每次采样的最少采样量应根据洁净度等级确定，最少采样时间为 1min，采样量最少为 2L。每个洁净室最少采样次数为 3 次。

第八章　地下人防通风系统

080101 风管穿密闭墙做法

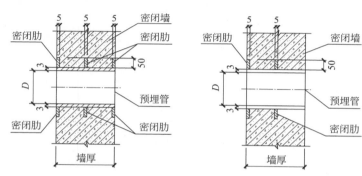

D—风管管径

风管穿密闭墙做法示意图

风管穿密闭墙做法现场图

工艺说明

　　预埋管采用 3mm 的钢板焊接制作，其焊缝应饱满、均匀、严密。密闭肋采用 5mm 钢板制作，钢板应平整，其翼高为 5mm，密闭肋与预埋管的结合部位应满焊。密闭肋位于墙体厚度的中间，预埋管采用井字形附加筋与周围结构钢筋绑扎牢固，预埋管的轴线应与所在墙面垂直，管端面应平整。

080102 气密测量管安装

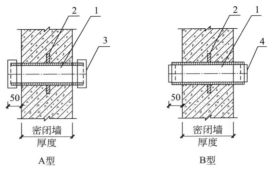

气密测量管做法

1—气密测量管（DN50热镀锌钢管）；2—钢板密闭肋（3～4mm）；3—管帽；4—丝堵

气密测量管安装示意图

气密测量管安装现场图

工艺说明

　　A型气密测量管两端套带外丝管帽密闭封堵；B型气密测量管两端套内丝加丝堵密闭封堵。气密测量管的密闭肋采用3～4mm的钢板制作，并应与结构筋焊牢。气密测量管管中心距地高度宜为1500mm。

080103 滤毒室换气堵头安装

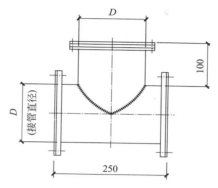

滤毒室换气堵头安装示意图

滤毒室换气堵头安装现场图

工艺说明

　　接管法兰必须互相平行或垂直；连接处焊缝应严密，不得渗漏。接管法兰所有尺寸应与所接管路或手动密闭阀门的法兰尺寸相一致。

080104 密闭阀门安装

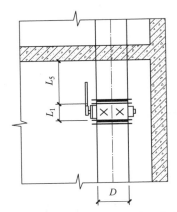

型号	L_5(mm)	
	电动	手动
DN200	350	322
DN300	350	309
DN400	350	350
DN500	350	350
DN600	400	350
DN800	400	350
DN1000	400	400

D—风管管径；L_1—阀门宽度；L_5—阀门到墙体的距离

密闭阀门安装示意图

密闭阀门安装现场图

工艺说明

阀门可以安装在水平或垂直管道上，安装时阀门受冲击波方向应与阀门标注压力的箭头方向一致，即进风管路箭头方向与气流方向一致；排风管路箭头方向与气流方向相反。阀门安装水平与纵向偏差不超过3mm。

080105 自动排气活门安装

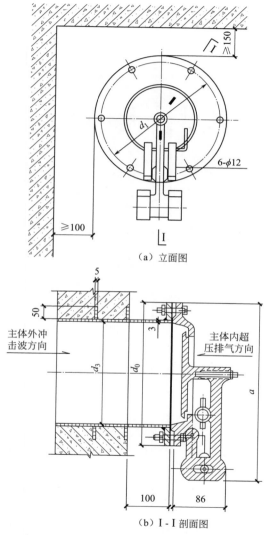

（a）立面图

（b）I-I剖面图

d_1—螺栓孔布置直径；d_0—法兰盘外径；d_3—风管管径；a—排气活门外径

自动排气活门安装示意图

自动排气活门安装现场图

工艺说明

（1）预埋短管应根据墙厚而定，管内径与活门通风口径应一致，满焊密闭肋，不得渗漏。

（2）预埋时必须保证法兰平面与地面垂直，同时应保证自动排气活门的重锤位于最低处；活门安装时应清除密封面杂物，并衬以5mm厚的橡胶垫圈，螺栓均应旋紧，防止渗漏。

080106 超压排气活门安装

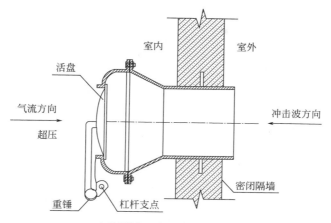

室内 室外

活盘

气流方向

超压

冲击波方向

密闭隔墙

重锤 杠杆支点

超压排气活门安装示意图

超压排气活门安装现场图

工艺说明

　　预埋短管应焊好密闭肋，不得渗漏；管道与密闭肋、短管与渐缩管需满焊，活门安装时，阀门渐扩管的法兰平面应保持垂直，阀门的杠杆应保持垂直；法兰上下两个螺孔中心连线保持垂直，保证所有螺栓均匀旋紧。两个活门上下垂直安装时，中心距应大于或等于600mm。

080107 油网滤尘器安装

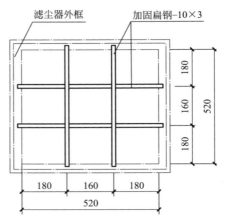

油网滤尘器管式加固示意图

油网滤尘器管式加固现场图

工艺说明

油网滤尘器管式安装要求平整，管道间、管道与法兰间均采用连续焊缝焊接，要求严密不漏风，在安装前，按要求进行加固，在背风面用 10mm×3mm 扁钢进行井字形加固，要求扁钢点焊在滤尘器外框上。加固后抗冲击波作用压力为 0.05MPa。滤尘器立式安装时网孔大的面为迎风面，网孔小的面为背风面。

080108 过滤吸收器安装

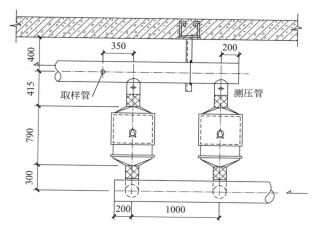

过滤吸收器安装示意图

过滤吸收器安装现场图

工艺说明

　　过滤吸收器安装时气流方向与设备要求一致。单只过滤吸收器的支架采用∟50mm×50mm角钢制作。安装后过滤吸收器应密封。过滤吸收器安装完毕后，进出风支管上设置DN15（热镀锌钢管）的测压管，其末端设置球阀。过滤吸收器的总出风口处设置DN15（热镀锌钢管）的尾气监测取样管，其末端设置截止阀。

080109 电动手摇两用风机安装

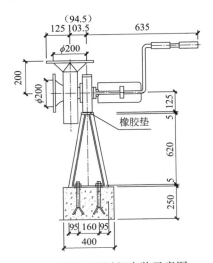

电动手摇两用风机安装示意图

电动手摇两用风机安装现场图

工艺说明

　　风机及其附件应无缺损；两用风机的机座可采用预埋钢板固定；两用风机的支架应平正，其节点应采用焊接；风机运转时，应无卡阻和松动现场；电气装置的接地应符合设计要求。

第九章　真空吸尘系统

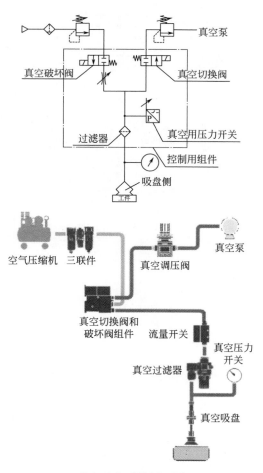

真空吸尘系统原理图

真空吸尘系统安装图

工艺说明

    真空吸尘系统通过气压差吸尘，由吸尘主机、控制系统、吸尘管路、吸尘阀门、吸尘操作组件构成，常被应用于高速飞散粉尘的捕集、空中粉尘以及车间清扫、负压物料输送等情况。

第十章 冷凝水系统

100101 PVC管道粘接施工

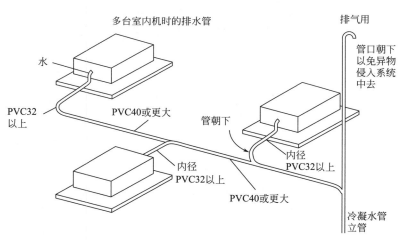

PVC 冷凝水管道安装示意图

多台室内机时的排水管

排气用

水

管口朝下
以免异物
侵入系统
中去

PVC32
以上

PVC40或更大

管朝下

内径
PVC32以上

内径
PVC32以上

PVC40或更大

冷凝水管
立管

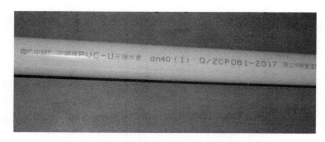

PVC冷凝水管道安装现场图

工艺说明

　　（1）管材断面应平整、垂直，粘接前用清洁干布将管端外侧和管口内侧擦拭干净，保持粘接面清洁无灰尘，粘接前应画好插入标线并进行试插。

　　（2）涂抹粘接剂时，应先涂抹PVC管件承口内侧，后涂抹承口外侧，应沿轴向由里向外涂抹。在粘接剂固化时间内不得受力或强行加载。

　　（3）冷凝水排水管的坡度应符合设计要求。当设计无要求时，管道坡度宜大于或等于8%，且应坡向出水口。

100102 风机盘管冷凝水管安装

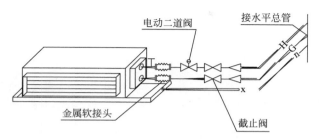

H—回水；G—供水；n—冷凝水

风机盘管冷凝水管安装示意图

风机盘管冷凝水管安装现场图

工艺说明

（1）风机盘管冷凝水管可选用 PVC 管或热镀锌钢管，管径应与接水盘管口管径一致。当设计无要求时，冷凝水管坡度宜大于或等于 8‰，且应坡向出水口。

（2）冷凝水管与风机盘管连接宜设置软连接，长度宜为 100～150mm；接口连接牢固、严密，坡向应正确，无扭曲和瘪管现象。

（3）风机盘管的冷凝水管应设置防结露保温装置。

100103 空气处理机组冷凝水管安装

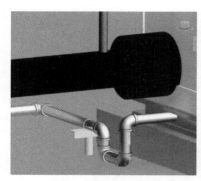

空气处理机组冷凝水管
安装示意图

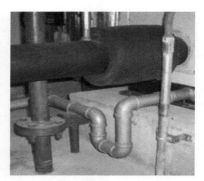

空气处理机组冷凝水管
安装现场图

工艺说明

（1）空气处理机组冷凝水管宜采用镀锌钢管等强度高、耐腐蚀材料。

（2）机组冷凝水出口处接管应设置U形存水弯，水封高度应不小于50mm，U形存水弯出水侧管道标高应低于机组接口侧。

（3）冷凝水管与机组宜采用螺纹连接，坡度不宜小于8‰，并坡向排水点。末端出水口与地漏间距不宜过大。

第十一章 空调（冷、热）水系统

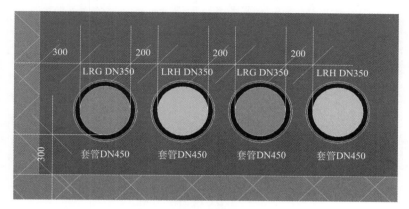

空调水管道穿楼板预留孔洞示意图

空调水管道穿楼板预留孔洞现场图

工艺说明

穿楼板预留孔洞的直径应符合设计要求，并应综合考虑管道外径及保温层厚度。预留孔洞位置应正确，上下各层预留孔洞应中心对正，洞口应光滑完整无破损。

125

110102 穿墙柔性防水套管预埋

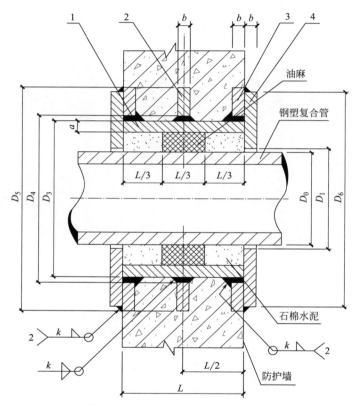

1—钢制套管；2—翼环；3—固定法兰；4—挡板

L—防火墙厚度；D—直径；k—焊接角度

穿墙柔性防水套管预埋示意图

穿墙柔性防水套管预埋现场图

工艺说明

　　套管内侧应防腐处理到位，预埋位置正确。套管四周专用固定钢筋应与套管外壁焊接牢固，固定钢筋应与墙体结构钢筋绑扎牢固，不得焊接。

110103 管道机械除锈

管道除锈现场图

管道激光除锈现场图

工艺说明

　　管道机械除锈宜采用钢管除锈机等自动化机械设备,也可采用喷砂除锈、高压水除锈、激光除锈机等设备。管道表面应露出金属光泽,不宜处理时间过长,避免过度损伤管材表面。激光除锈对基材损伤小、质量好、效率高,可以避免常规机械除锈硬接触方法带来的表面损伤或变形。

110104 管道防腐施工

管道防腐施工现场图

工艺说明

（1）防腐施工应在管道除锈完成后及时进行，避免时间过长管道表面返锈。施工前应对管道面层进行清洁，确保表面平整、光滑，无污染。防腐漆料配合比、浓度等应符合要求，并应使用油漆配套稀释剂。

（2）按照涂装工艺要求，对管道表面进行分次涂装，确保涂层均匀平整并预留焊口位置。后刷漆层应在上一漆层固化完成后进行。

（3）涂刷时方向应一致，两层之间涂刷方向应垂直。图层应均匀，无漏刷、流挂、气泡、杂物等质量缺陷。

110105 管道螺纹连接

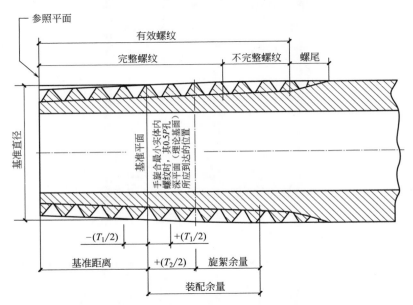

T_1——外螺纹基准距离（基准平面位置）公差；

T_2——内螺纹基准平面位置公差；P——螺距

管道丝扣加工示意图

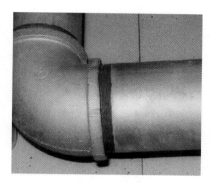

管道螺纹连接现场图

工艺说明

（1）管道切割应保障内径不缩小，切割面平整，切割完成后对管口进行扫口处理。

（2）管道与管件连接应采用标准螺纹，管道与阀门连接应采用短螺纹，管道与设备连接应采用长螺纹；螺纹应规整，不应有毛刺、乱丝，管道安装后管道螺纹根部应有2～3扣的外露螺纹。

（3）安装完的管道应将各接口的麻丝清理干净，接口处刷防腐漆。管道及管件安装时，镀锌层被破坏的部位应进行防腐处理。

110106 二氧化碳气体保护半自动焊

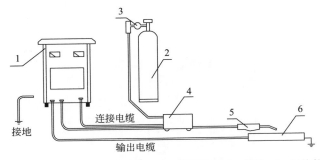

1—焊机；2—气瓶；3—减压阀；4—送丝装置；5—焊枪；6—焊接件

二氧化碳气体保护半自动焊示意图

二氧化碳气体保护半自动焊现场图

工艺说明

　　焊接薄板或中厚板的全位置焊缝时，多采用 1.6mm 以下的焊丝。正常焊接时，200A 以下薄板焊接，二氧化碳的流量为 10～25L/min；200A 以上厚板焊接，二氧化碳的流量为 15～25L/min；粗丝大规范自动焊的流量为 25～50L/min。焊丝伸出长度一般为焊丝直径的 10 倍左右，并随焊接电流的增加而增加。

110107 管道手工电弧焊连接

管道手工电弧焊坡口要求

项次	厚度T（mm）	坡口名称	坡口形式	坡口尺寸			备注
				间隙C（mm）	钝边边长P（mm）	坡口角度α（°）	
1	1～3	I形坡口		0～1.5 单面焊	—	—	内壁错边量 ≤0.25T, 且≤2mm
	3～6			0～2.5 双面焊			
2	3～9	V形坡口		0～2.0	0～2.0	60～65	
	9～26			0～3.0	0～3.0	55～60	
3	2～30	T形坡口		0～2.0	—	—	—

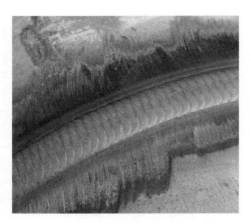

管道手工电弧焊现场图

工艺说明

　　管道焊接时应打坡口，应根据管道壁厚选择适用的坡口形式。焊缝应满焊，高度不应低于母材表面，并应与母材圆滑过渡。焊接后应立刻清除焊缝上的焊渣、氧化物等。焊缝外观质量应合格。焊缝防腐前应对焊缝两侧进行除锈和清洁处理。

110108 管道焊接连接

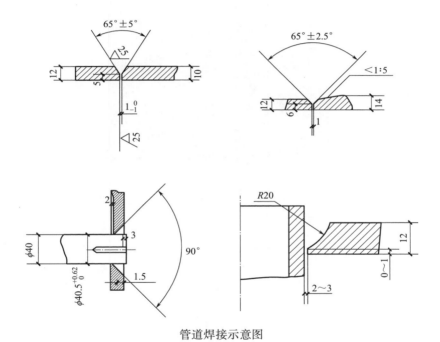

管道焊接示意图

管道焊接现场图

工艺说明

（1）焊接前应将坡口表面及坡口内侧不小于10cm范围内的油漆、污垢、铁锈、毛刺等清除干净，不得有裂纹和夹层等缺陷。

（2）焊接起弧应在坡口内侧进行，严禁在管壁起弧。

（3）除焊接工艺有特殊要求外，每条焊道应一次连续焊完。管材壁厚较厚时应分层施焊，焊缝应平整密实，不得有裂缝、焊瘤、夹渣等质量缺陷。

110109 **A3 型管道吊架根部**

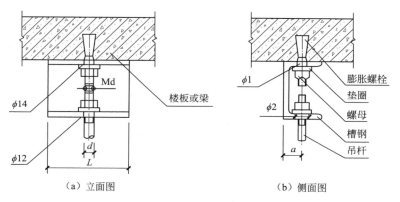

（a）立面图   （b）侧面图

Md—膨胀螺栓规格；d—吊杆直径；a—螺栓孔中与腹板间距；L—槽钢吊耳长度

A3 型管道吊架根部示意图

A3 型管道吊架根部现场图

工艺说明

　　以 DN100 保温钢管为例，吊架间距为 3m，吊杆直径为 10mm，膨胀螺栓规格为 M12，槽钢规格为 ［10，$L=100$mm。膨胀螺栓开孔直径和长度应符合要求。

110110 空调水管道落地支架安装

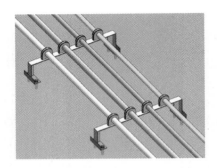

空调水管道落地支架安装示意图

空调水管道落地支架安装现场图

工艺说明

（1）空调水管道应根据安装部位和BIM管线综合排布的结果选择适用的落地支架形式，相同安装部位落地支架形式、朝向应一致。

（2）落地支架型材宜选用镀锌产品，如选择普通碳钢材质应防腐良好、外观平整。

（3）落地支架型材类别、根部做法、膨胀螺栓等应根据管道规格及数量选用，成排管道综合支架应经受力计算后选用。

110111 空调水管道吊架安装

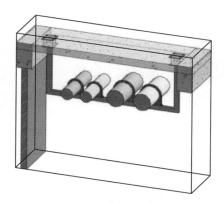

空调水管道吊架安装示意图

空调水管道吊架安装现场图

工艺说明

（1）吊架制作应采用机械切割下料、开孔，严禁采用电气焊切割、开孔，型钢拼角切口应采用 45°斜口拼接。吊架制作完成后，型钢切口、焊口和吊架本体应防腐良好。

（2）吊架安装应平整牢固，且不影响结构安全，必要时采用穿楼板做法。大规格管道或多排管道共用吊架时，立柱与生根钢板连接处应焊接加固肋片。

110112 管道综合支吊架安装

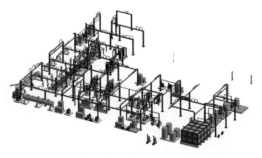

管道综合支吊架安装示意图

管道综合支吊架安装现场图

工艺说明

（1）综合支吊架的形式和固定方式应根据管道综合排布结果和安装部位结构形式确定。

（2）综合支吊架优先固定于承重结构上，机房等可能积水的地方，落地综合支架根部应设置防水台。

（3）综合支吊架较大时，立柱与横担连接处宜加设肋片进行加固，横担上宜间隔加设钢板以加强抗弯性能。

110113 C形钢综合支吊架

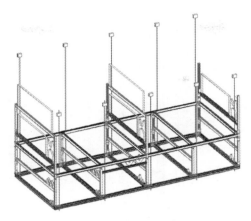

C形钢综合支吊架示意图

C形钢综合支吊架安装现场图

工艺说明

　　C形钢综合支吊架的规格应结合管道自重、介质、保温、动静荷载等因素经计算确定。C形钢综合支吊架宜采用场外预制、现场装配的方式，连接方式宜采用螺栓连接。

110114 管道穿楼板固定支架

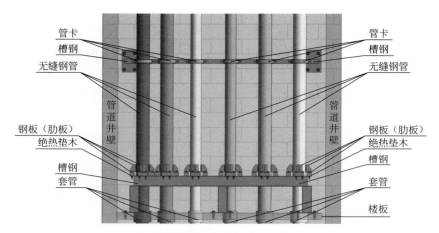

管卡
槽钢
无缝钢管
管道井壁
钢板（肋板）
绝热垫木
槽钢
套管

管卡
槽钢
无缝钢管
管道井壁
钢板（肋板）
绝热垫木
槽钢
套管
楼板

管道穿楼板固定支架安装示意图

管道穿楼板固定支架安装现场图

工艺说明

管道穿楼板固定支架由槽钢、钢板（肋板）、弧形板等组成，安装时肋板、弧形板要双面满焊，在管道四个方向垂直设置，并考虑管道保温情况。冷冻水管道需加设绝热垫木。

110115 空调水管道安装

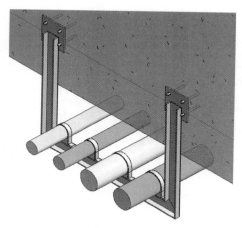

空调水管道安装示意图

空调水管道安装现场图

工艺说明

（1）空调管道在支架处应加设防腐木托或聚氨酯成品管托，厚度与保温层厚度相同。

（2）成排管道共架安装时应保持管道底平。

（3）管道对接焊缝与支吊架的距离应大于100mm。

110116 空调水管道木托（聚氨酯绝热）管座安装

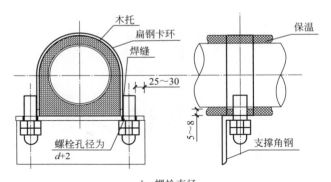

d—螺栓直径

木托（聚氨酯绝热）管座安装示意图

木托（聚氨酯绝热）管座安装现场图

工艺说明

（1）木托（聚氨酯绝热）管座起到减振、缓冲热胀冷缩和防冷桥的作用。

（2）采用木托时，应经防腐处理，厚度不应小于管道保温层厚度。木托（聚氨酯绝热）管座的弹性系数和使用寿命应符合要求。

（3）扁钢卡环应与木托规格适配，卡环与管道支吊架的固定应采用双螺母。

110117 聚氨酯绝热管道吊架安装

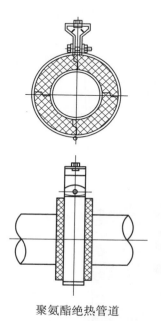

聚氨酯绝热管道
吊架安装示意图

聚氨酯绝热管道
吊架实物图

工艺说明

　　聚氨酯绝热管道吊架承受管道垂直荷载，用于吊装水平管道，借助于吊杆摆动，可适应管道在径向和轴向的移动。一般适用于单管空调冷凝水管道。

110118 聚氨酯绝热导向管座安装

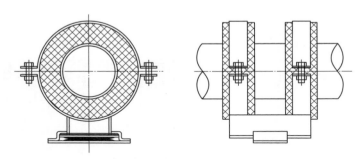

聚氨酯绝热导向管座安装示意图

聚氨酯绝热导向管座安装现场图

工艺说明

　　空调水管道补偿器固定支架的对向应设置导向管座，引导管道仅沿轴向滑动。导向管座距补偿器的安装距离应符合要求。导向管座的安装应与支吊架接触平整，焊口饱满，安装后应保证管道与补偿器同心。

110119 聚氨酯绝热固定管座安装

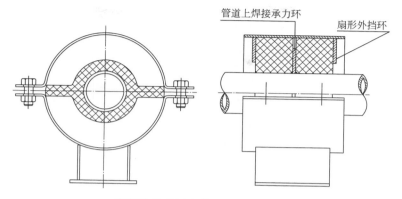

聚氨酯绝热固定管座安装示意图

聚氨酯绝热固定管座安装现场图

工艺说明

　　管道上须焊接承力环，焊角不能影响绝热块的安装，在钢制管夹上焊有承力扇，管道的轴向力经过承力环传到保冷块，再传递到管夹座的承力扇上，最终传递到建筑结构上，实现既轴向承载又切断"冷桥"。

110120 空调水单管抗震支撑安装

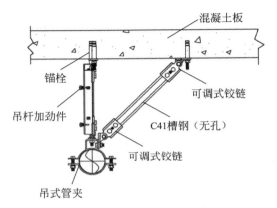

混凝土板

锚栓

可调式铰链

吊杆加劲件

C41槽钢（无孔）

可调式铰链

吊式管夹

空调水单管抗震支撑安装示意图

空调水单管抗震支撑安装现场图

工艺说明

　　制冷机房、热交换站内的 DN65 及以上的单管管道应有可靠的侧向和纵向抗震支撑。斜撑的垂直安装角度应按设计要求进行，一般不得小于 30°。单管抗震支吊架的斜撑与吊架的距离不得超过 10cm。抗震支吊架安装应依据图纸及设计说明进行施工，不得大于支架最大安装间距。

110121 空调水多管抗震支撑安装

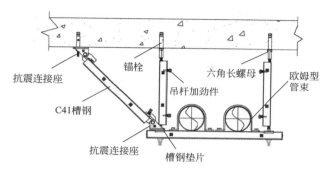

抗震连接座

锚栓

六角长螺母

C41槽钢

吊杆加劲件

欧姆型管束

抗震连接座

槽钢垫片

空调水多管抗震支撑安装示意图

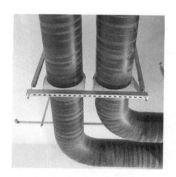

空调水多管抗震支撑安装现场图

工艺说明

多根管道共用支吊架宜采用门形抗震支吊架，门形抗震支吊架至少应有一个侧向抗震支撑。

抗震支吊架与管道之间应有防冷桥管托。现场制作安装时如遇到管道冲突等问题，可以适当调节横杆高程。侧向、纵向抗震支吊架的斜撑安装，垂直角度宜为 45°，且不得小于 30°。

110122 管道弹性托架安装

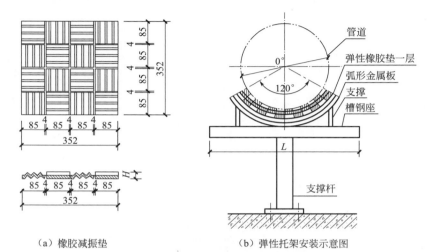

（a）橡胶减振垫　　　　（b）弹性托架安装示意图

H—橡胶减振垫厚度；L—弹性托架横担长度

管道弹性托架安装示意图

管道弹性托架安装现场图

工艺说明

　　管道弹性托架减振器由弧形凹凸弹性橡胶垫与弧形金属板局部粘贴而成，通常用于机械设备的管道隔振安装中。

110123 水平管道方形补偿器安装

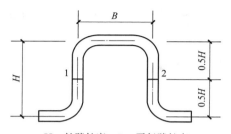

H—长臂长度；B—平行臂长度

1—公称直径 $D_g < 200\text{mm}$，垂直焊缝；2—公称直径 $D_g \geqslant 200\text{mm}$，45°焊缝

方形补偿器安装示意图

方形补偿器安装现场图

工艺说明

　　DN<100mm 时方形补偿器宜采用一根管弯制，DN≥100mm 时弯头宜采用钢制热压弯头或无缝热压弯头。方形补偿器水平安装时，平行臂与管道坡度、坡向相同，垂直臂呈水平。补偿器弯可朝上也可朝下，朝上配置时应在最高点安装排气装置，朝下配置时应在最低点安装泄水装置。方形补偿器两侧第一个支架应为活动支架，设置在距补偿器弯头起弯点0.5～1.0m 处，不得设置成导向支架或固定支架。

110124 波纹补偿器安装（轴向型）

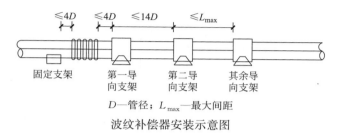

D—管径；L_{max}—最大间距

波纹补偿器安装示意图

波纹补偿器安装现场图

工艺说明

（1）波纹补偿器安装时应与管道保持同轴，严禁用波纹补偿器变形的方法来调整管道的安装偏差。带导流筒的补偿器，应使导流方向与介质流动方向一致。

（2）波纹补偿器前后固定支架和导向支架必须符合设计要求，严禁在支架安装好之前在管道内试压，以免波纹管被拉坏。

（3）波纹补偿器应安装保温材料，安装前波纹补偿器约束杆应视产品类型、安装要求判断是否需要拆除。

110125 闸阀安装

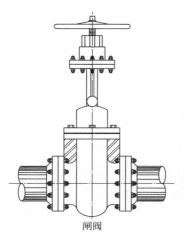

闸阀

闸阀安装示意图

闸阀安装现场图

工艺说明

在水平管道上安装闸阀时，手轮应处于上半周范围内。闸阀与管道采用螺纹连接时，应采用短螺纹。成排安装的阀门应排列整齐美观，立管上并排安装的阀门中心线标高应一致，且手轮之间净距不小于100mm。电动阀门安装前，应将执行机构与阀体一体安装，执行机构和控制装置应灵活可靠，无松动或卡涩现象。

110126 蝶阀安装

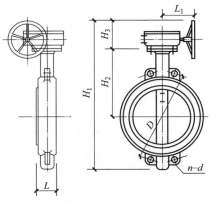

蜗轮传动对夹式双偏心蝶阀
D372F-25Q

注：1. 该阀适用介质为水和蒸汽。
2. 该阀工作温度 $t \leqslant 200℃$，公称压力 $PN \leqslant 1.6MPa$。
3. 阀体材质采用球墨铸铁，阀座密封材料为氟塑料（聚四氟乙烯）。
4. 阀门应按阀体上的箭头方向即介质流动方向安装。

主要参数表

公称直径 DN(mm)	外形尺寸(mm)						n-d	质量 (kg)
	H_1	H_2	H_3	L	L_1	D		
65	337	130	117	46	115	145	4-19	11.6
80	357	140	117	49	115	160	4-19	13.5
100	397	160	117	56	115	190	4-23	16
125	437	185	117	64	115	220	4-28	19
150	467	200	117	70	115	250	4-28	22.1
200	632	235	212	71	160	310	4-28	41.4
250	702	270	212	76	160	370	4-31	52.5
300	785	325	212	114	160	430	16-31	126
350	852	360	212	127	160	490	16-34	152
400	975	405	265	140	220	550	20-37	180
450	1015	425	265	152	220	600	20-37	235
500	1110	485	265	152	220	660	20-37	300
600	1345	520	380	178	320	770	20-40	410
700	1465	580	380	229	320	875	24-43	515

蝶阀安装示意图

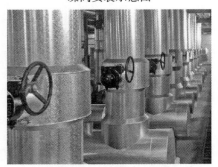

蝶阀安装现场图

工艺说明

蝶阀的阀杆应垂直安装。安装前应将密封面彻底擦干净，空试阀门启闭应灵活，启闭位置与指针指示位置相符合。水平管道上的阀门手柄不应朝下，垂直管道上的阀门手柄应朝向便于操作的地方。

110127 阀门标识

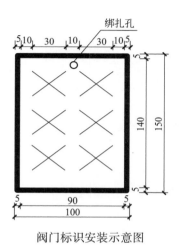

阀门标识安装示意图

阀门标识安装现场图

工艺说明

（1）阀门标识宜采用挂牌形式，标识文字应注明阀门名称和启闭状态；标识牌宜采用不干胶纸打印塑封或采用PVC等塑料材质。

（2）成排阀门的标识位置应朝向一致、高度一致。阀门在吊顶检修口1m范围内应进行标识。

（3）阀门标识不应遮挡阀门本体上的文字、箭头或铭牌，不应妨碍阀门的使用。

110128 管道标识

管道标识安装示意图

管道标识安装现场图

工艺说明

（1）管道标识识别色，冷热水应为黄色，冷凝水及补水应为淡绿色，冷却水应为蓝色。

（2）标识箭头由箭尾和箭尖组成，箭尖为等腰三角形，箭尾为长方形。标识文字、数字宜采用宋体，成排管道的标识文字大小应统一。

（3）水平管道高度≤1.5m时，标识宜设置在管道正上方；管道高度＞1.5m，≤2m时，标识宜设置在管道侧方；管道高度＞2m，≤4m时，标识宜设置在管道侧下方45°的位置；管道高度＞4m时，标识宜设置在管道的正下方。

110129 泵房综合排布

泵房综合排布示意图

泵房综合排布现场图

工艺说明

　　机房内设备、管道宜采用 BIM 技术进行综合排布，设备基础、地漏、排水沟根据综合排布结果进行细化调整，并向土建专业提资。设备基础的中心线或外边沿、立管中心线、支架、仪表、阀门操作手柄等应标高相同、朝向一致。管道成排成列，共用支吊架或采用综合支吊架。

110130 立式水泵安装

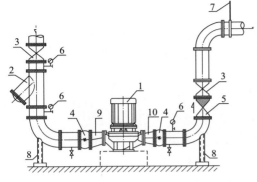

编号	名称
1	水泵（包括电机）
2	过滤器
3	阀门
4	软接头
5	止回阀
6	压力表
7	吊架
8	支架
9	偏心变径管
10	同心变径管

立式水泵安装示意图

立式水泵安装现场图

工艺说明

（1）立式水泵安装时底座下需放置减振底座或橡胶减振垫。

（2）水泵底座固定螺栓需加弹簧垫，周围加设限位装置。

（3）水泵和管道连接处使用橡胶或金属接头对接，对接应在自由状态下进行，不得承受额外压力。

（4）安装时水泵调平调正，确保电机与泵联轴器轴心对齐，弹性垫圈安装牢固。管道与水泵宜采用法兰连接。

110131 卧式水泵安装

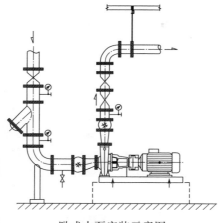

卧式水泵安装示意图

卧式水泵安装现场图

工艺说明

(1) 基本安装要求同立式水泵安装。

(2) 靠近水泵处的吸、排水管应有独立的支架。

(3) 水泵安装尽量靠近流体源,尽量保持吸水管道直且短。管道尽可能避免弯曲,必须弯曲时应使用45°弯头或者大曲率90°弯头,以减少摩擦损失。

110132 / 压力表安装

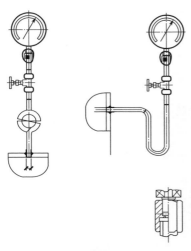

压力表安装示意图　　　　　　　　压力表安装现场图

工艺说明

　　压力表应安装在便于观察、易于冲洗的位置，应避免振动和高温烘烤。压力表应安装于温度计上游，压力表本身应垂直于水平面安装。压力表与表弯之间应安装三通旋塞阀。压力表应带缓冲管，起到缓冲、减振作用。

110133 温度计安装

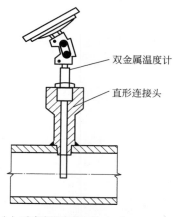

（a）垂直弯道安装方法（一）

- 双金属温度计
- 直形连接头

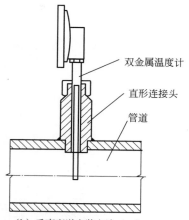

（b）垂直弯道安装方法（二）

- 双金属温度计
- 直形连接头
- 管道

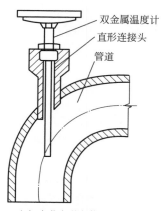

（c）变曲弯道安装方法

- 双金属温度计
- 直形连接头
- 管道

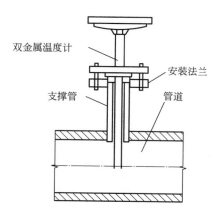

（d）法兰安装方法

- 双金属温度计
- 安装法兰
- 支撑管
- 管道

温度计安装示意图

温度计实物图

工艺说明

　　（1）安装位置应选在介质温度变化灵敏和具有代表性且易于观察的地方，避免安装在阀门等阻力部件附近、介质流动成死角处及振动较大的地方。

　　（2）与管道垂直安装时，取源部件中心线应与工艺管道轴线垂直相交。在管道拐弯处安装时，应逆介质流向，取源部件中心线与工艺管道中心线相重合。与管道呈 45°角安装时，应逆介质流向，取源部件中心线应与工艺管道中心线相交。

　　（3）温度计在保管、使用安装及运输中应避免碰撞。

110134 压力试验

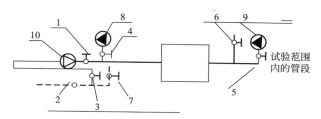

1～5、7—阀门；6—排气用阀（系统高点）；8、9—压力表；10—电动试压泵

压力试验示意图

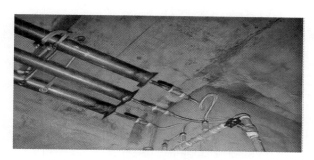

压力试验现场图

工艺说明

（1）试验前向系统充水，应将系统空气排尽。

（2）压力表不少于两块，其中一块应安装在管道系统的最低点，加压泵宜设在压力表附近。

（3）加压前对于不能参与试压的设备、仪表、阀门及附件应拆除或加设临时盲板进行隔离。

（4）试验过程中发现泄漏时，不得带压处理，应降压修复，待缺陷消除后，应重新试验。

110135 管道玻璃棉保温

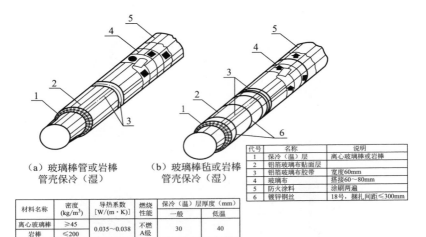

（a）玻璃棒管或岩棒
管壳保冷（湿）

（b）玻璃棒毡或岩棒
管壳保冷（湿）

代号	名称	说明
1	保冷（温）层	离心玻璃棒或岩棒
2	铝箔玻璃布贴面层	
3	铝箔玻璃布胶带	宽度60mm
4	玻璃布	搭接60～80mm
5	防火涂料	涂刷两遍
6	镀锌钢丝	18号，捆扎间距≤300mm

材料名称	密度 (kg/m³)	导热系数 [W/(m·K)]	燃烧性能	保冷（温）层厚度（mm）	
				一般	低温
离心玻璃棒	≥45	0.035～0.038	不燃 A级	30	40
岩棒	≤200				

管道玻璃棉保温安装示意图

管道玻璃棉保温安装现场图

工艺说明

　　管道保温应在水压试验合格、防腐已完工后方可施工，不能颠倒工序；保温材料的材质、规格及防火性能必须符合设计和防火要求；玻璃棉管壳应粘接牢固、无断裂，管壳之间的拼缝应均匀整齐，平整一致，横向接缝应错开。

110136 管道橡塑保温

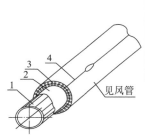

层	代号	做法					
管道	1	钢管					
	2	涂防锈漆					
泡沫橡塑（福乐斯橡塑）	3	密度 (kg/m³)	导热系数 [W/(m·K)]	适用温度 (℃)	燃烧性能	公称管径 (mm)	厚度 (mm)
		40～80	0.036～0.039	50～90	难燃 B级	≤DN50	25
						DN70～DN150	28
						≥DN200	32
接缝	4	接缝处保冷（温）断面双面涂抹不燃性胶水，外径500mm以下管道不需要全部涂抹					

注：1. 橡塑保冷（温）材料气密性好，无须做防潮层及保护层。
　　2. 保冷（温）前应将管道表面除锈除油，并刷防锈油漆两道。
　　3. 如果在室内环境运行，无需外保护层，如果在室外环境运行，应涂刷防晒漆。

管道橡塑保温安装示意图

管道橡塑保温安装现场图

工艺说明

采用划开套接法，用切割刀划开管面或用预先开槽的管材，切开后安装在管道上，在两割面涂上胶水，用手指测试胶水是否干化，当手指接触涂胶面时无粘手现象，封管时压紧粘接口两端，从两端向中间封合。保温接口不应朝下，多层保温接缝应错开。

110137 阀门保温

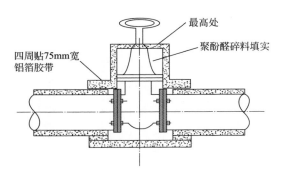

阀门保温安装示意图

最高处

聚酚醛碎料填实

四周贴75mm宽
铝箔胶带

阀门保温安装现场图

工艺说明

刷胶时间达到产品技术要求时可按由里到外、填平再包的步骤进行，先用板材包裹阀体并填平间隙，再对两端法兰进行保温，然后对阀门盖到阀门体之间进行保温，最后用封条将各接口处粘接好。

110138 阀门保温金属保护壳

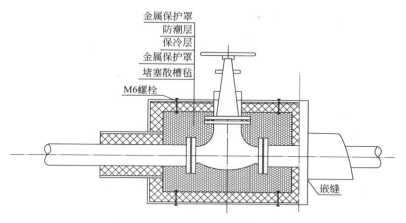

金属保护罩
防潮层
保冷层
金属保护罩
堵塞散槽毡
M6螺栓

嵌缝

阀门保温金属保护壳安装示意图

阀门保温金属保护壳安装现场图

工艺说明

　　管道阀门、过滤器及法兰部位的绝热结构应能单独拆卸。绝热产品的材质和规格应符合设计要求，管壳的粘贴应牢固、铺设应平整；绑扎应紧密，无滑动、松弛与断裂现象。

110139 管道保温保护壳施工

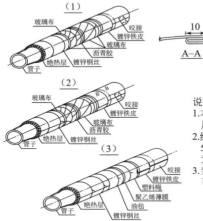

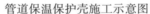

说明：
1. 本图适用于室外或室内架空管道绝热，保护层为镀锌铁皮，也可用铝合金板。
2. 结构（1）、（2）适用于介质温度为−20～5℃的绝热工程。结构（3）适用于介质温度为6～20℃的绝热工程。
3. 当管道坡度较大时，为防止金属保护层下滑，可按结构（2）在环向设S形托板。

管道保温保护壳施工示意图

管道保温保护壳安装现场图

工艺说明

（1）管道保温保护壳施工过程中要注意成品保护，避免损坏。管道保温保护壳接缝应搭接严密，固定牢靠，外观齐整。

（2）管道保温保护壳应为易装拆构造，以便进行维护工作。板材料表面应平整、光滑，厚度均匀，板面不得有划痕、创伤、锈蚀等缺陷。

110140 板式热交换器

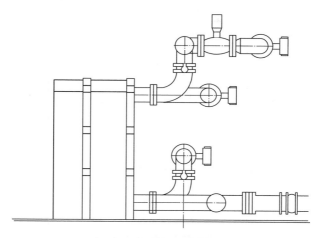

板式热交换器安装示意图

板式热交换器安装现场图

工艺说明

　　板式热交换器与基座间须装设 20mm 厚的聚丁橡胶垫片，且采用的固定螺栓包括垫环和螺母均应做热浸镀锌处理。板式热交换器应保温严密，外露杆件应加设保护套。

110141 辐射供热、供冷地埋管

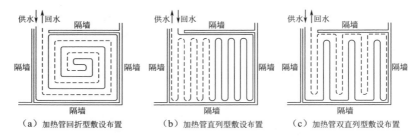

（a）加热管回折型敷设布置　　（b）加热管直列型敷设布置　　（c）加热管双直列型敷设布置

辐射供热、供冷地埋管布置示意图

辐射供热、供冷地埋管安装现场图

> ### 工艺说明
> 　　埋管敷设形式有回折型、直列型和双直列型。其中回折型和双直列型供回水管平行布置，温度更为均匀，直列型供水管优先冷却/加热建筑外区围护结构。

110142 热泵机组设备安装

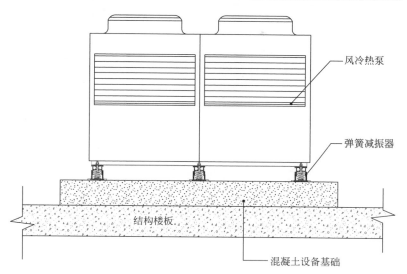

热泵机组设备安装示意图

热泵机组设备安装现场图

工艺说明

机组进/出水口与水系统供回水管道应采用减振柔性连接，热泵机组与基础之间应设减振器。多台热泵机组成排布置时，设备、接管应整齐、规范。机组设备安装位置应利于散热排风。

第十二章　冷却水系统

管道穿楼板套管安装

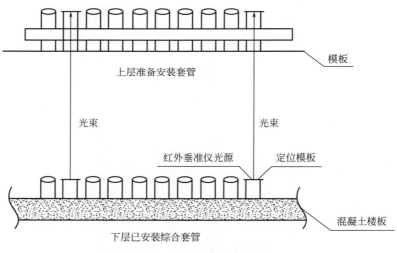

模板

上层准备安装套管

光束　　　　　　　　　　光束

红外垂准仪光源　　　定位模板

混凝土楼板

下层已安装综合套管

管道穿楼板套管安装示意图

172

管道穿楼板套管安装现场图

工艺说明

　　套管安装时应垂直，套管位置、尺寸应准确无误，位置尺寸偏差在2mm内，规格应考虑保温安装空间。穿楼板套管下端与楼板下表面相平，穿无水楼板管道套管顶部应高出装饰地面20mm，穿有水楼板管道套管顶部应高出装饰地面50mm，套管与管道之间缝隙应用不燃密实材料和防水油膏填实，端面光滑。

120102 管道穿墙套管安装

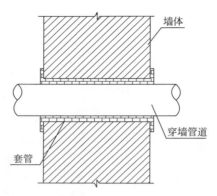

管道穿墙套管安装示意图

管道穿墙套管安装现场图

工艺说明

　　管道穿过墙壁，应设置钢套管，钢套管两端与饰面相平，钢套管与管道之间缝隙宜用不燃密实材料填实，且端面应光滑。

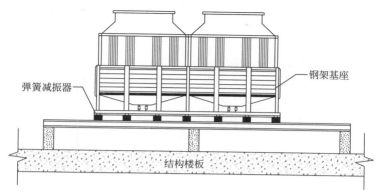

冷却塔安装示意图

冷却塔安装现场图

120103 冷却塔安装

工艺说明

（1）冷却塔安装时进风侧距建筑物应大于1000mm。

（2）冷却塔与基础预埋件应连接牢固，连接件应采用热镀锌或不锈钢螺栓，其紧固力应一致、均匀。

（3）冷却塔安装应水平，单台冷却塔安装的水平度和垂直度允许偏差均为2/1000。同一冷却水系统的多台冷却塔安装时，各台冷却塔的水面高度应一致，高差不应大于30mm。

（4）组装的冷却塔，其填料的安装应在所有电、气焊接作业完成后进行。

第十三章 土壤源热泵换热系统

土壤源热泵换热系统

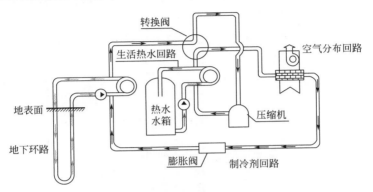

转换阀

生活热水回路

空气分布回路

地表面

热水
水箱

压缩机

地下环路

膨胀阀   制冷剂回路

土壤源热泵原理图

土壤源热泵安装示意图

工艺说明

　　土壤源热泵属于地源热泵的一种类型，土壤源热泵换热系统主要分为三部分，分别是室外换热系统、热泵主机系统和室内末端系统。

第十四章　水源热泵换热系统

水源热泵换热系统

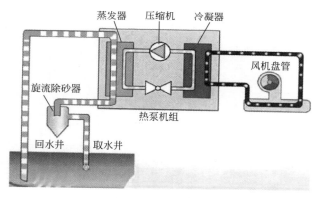

蒸发器　压缩机　冷凝器

风机盘管

旋流除砂器

热泵机组

回水井　取水井

水源热泵原理图

水源热泵设备图

工艺说明

水源热泵换热系统利用地表水、地下水以及吸收太阳能和地热能等低品位热资源来换热，主要分为三部分，分别是室外换热系统、热泵主机系统和室内末端系统。水源热泵低品位热资源是指从水井或废弃的矿井中抽取的地下水。

第十五章　蓄能系统

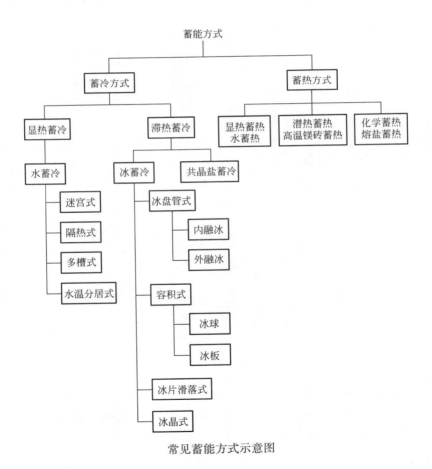

常见蓄能方式示意图

冰蓄冷施工现场图

工艺说明

　　目前采用的蓄能方式主要有：冰蓄冷、水蓄冷、水蓄热、高温镁砖蓄热、熔盐蓄热等。冰蓄冷是通过蓄冰装置的水固液态变化储冷和释冷；水蓄冷是利用水的显热进行蓄冷；水蓄热是夜间低谷电价时段热泵机组、电热锅炉等热源进行蓄热，白天高峰电价时段向用户侧释热的一种供热方式；高温镁砖蓄热是采用电锅炉加热耐火砖至高温，通过鼓风机向用户释热；熔盐蓄热是采用电锅炉加热熔盐进行化学蓄能，与水蓄热区别是蓄热温度高，介质是盐类。

150102 蓄冷蓄热系统设计

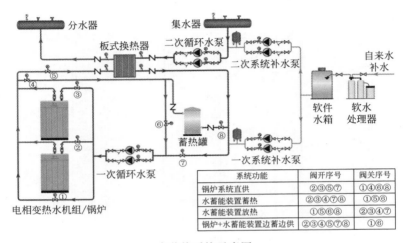

系统功能	阀开序号	阀关序号
锅炉系统直供	②③⑤⑦	①④⑥⑧
水蓄能装置蓄热	②③④⑦⑧	①⑤⑥
水蓄能装置放热	①⑤⑥⑧	②③④⑦
锅炉+水蓄能装置边蓄边供	②③④⑤⑦⑧	①⑥

水蓄热系统示意图

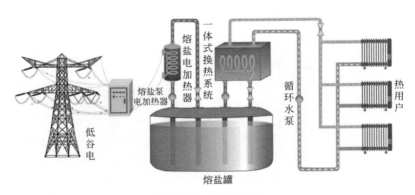

熔盐蓄热系统示意图

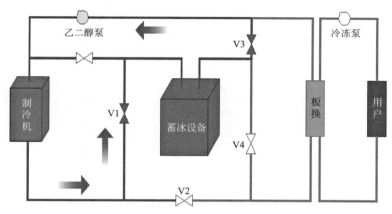

冰蓄冷系统示意图

工艺说明

（1）蓄冷蓄热技术应用，受建筑物使用功能、空调负荷特性、蓄能设备的技术特点，工程所在地能源政策、电力峰谷时间段、投资回收年限等因素的影响和制约，因此其方案应经技术、经济比较确定。

（2）蓄能介质的选用：水、乙二醇、共晶盐、熔盐等。

150103 冰蓄冷系统形式

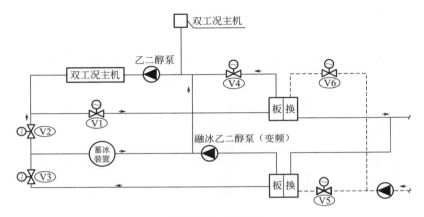

并联系统示意图

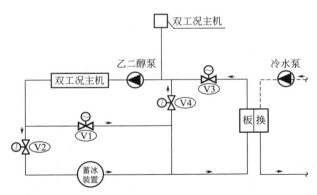

主机上游串联内融冰示意图

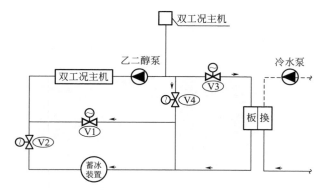

主机下游串联内融冰示意图

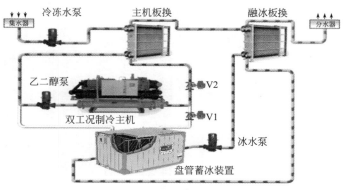

主机串联外融冰系统示意图

工艺说明

　　冰蓄冷系统形式：（1）并联系统——双工况制冷机与蓄冰装置并联设置，常用于冰球蓄冰装置。（2）串联系统——双工况主机与蓄冰装置串联布置，供水温度低，供回水温差大，适用于大温差、低温供水和低温送风空调系统以及区域供冷系统。（3）根据主机位置分为主机上游串联系统和主机下游串联系统。主机下游串联系统一定程度上影响主机效率。根据融冰方式分为内融冰系统和外融冰系统，后者能提供温度更低、温差更大的冷冻水。

150104 蓄冰装置

冰盘管示意图

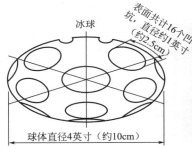

冰球

表面共计16个凹坑，直径约1英寸（约2.5cm）

球体直径4英寸（约10cm）

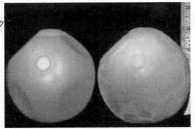

冰球示意图

工艺说明

　　蓄冰形式通常包括冰盘管式、容积式、冰晶式、冰片滑落式等。冰蓄冷空调系统的分类有多种方式，根据制冰形态的不同，可分为静态型与动态型；根据蓄冰装置不同，可分为冰盘管式（内融冰、外融冰），容积式（冰球、冰板），冰片滑落式，冰晶式；按传热介质的不同，可分为直接蒸发式和间接冷媒式等。各种蓄冰技术的特点比较见下表：

各种蓄冰技术的特点比较

系统类型	冰盘管式(内融冰)	容积式	冰盘管式(外融冰)	冰片滑落式	冰晶式
应用范围	空调	空调	空调、工艺制冷	空调、食品加工	空调、食品加工
制冰方式	静态	静态	静态	动态	动态
制冷方式	间接冷媒式	间接冷媒式	直接蒸发式、间接冷媒式	直接蒸发式	直接蒸发式
制冷机种类	双工况冷机或直接蒸发式冷机	双工况冷机	双工况冷机	分装式或组装式冷机	分装式冷机或整体型
取冷流体	乙二醇溶液	乙二醇溶液	水	水	水
蓄冰槽形式	闭式	开式、闭式	开式	开式	开式
蓄冰温度(℃)	−6～−3	−6～−3	−9～−4	−9～−4	−9～−4
取冷温度(℃)	1～3	1～4	1～2	1～2	1～2
取冷速率	慢	慢	中	快	极快

目前国内空调用冰蓄冷系统主要采用冰盘管式（内融冰）及容积式，冰盘管式（内融冰）与容积式（冰球）的比较见下表：

冰盘管式（内融冰）与容积式（冰球）的比较

系统类型	冰盘管式(内融冰)	容积式(冰球)
传热性能	传热系数高	传热系数低
蓄冰性能	制冰温度高，主机效率高	制冰温度低，主机效率低
融冰性能	融冰温度较稳定	融冰后期温度有所上升

150105 蓄冰盘管材质

蓄冰盘管材质

工艺说明

　　蓄冰盘管材质有：塑料、导热复合材料、不锈钢、碳钢。塑料盘管适用于中小型楼宇。导热复合材料、不锈钢、碳钢盘管系统效率高，适用于大中小型楼宇。

材质	导热复合材料	不锈钢	碳钢
应用	国内市场项目应用20余年	造价成本高，近10年国内市场业绩相对较少	市场起步早，国内应用20余年
结冰厚度	平均值：20mm	平均值：25～30mm	平均值：25～30mm
换热面积	较金属盘管换热面积大	换热面积较导热复合材料小	换热面积较导热复合材料小
蓄冰特性	导热复合盘管蓄冰为不完全冻结式，蓄冰前期蓄冰速度略低，但由于冰层薄，换热面积大，后期结冰速度快，全过程制冰性能与不锈钢盘管相同，蓄冰结束温度－5.6℃	不锈钢盘管蓄冰为不完全冻结式，冰层厚，结冰后期冰层侧热阻大，全过程制冰性能与导热复合盘管接近，蓄冰结束温度－5.6℃	同不锈钢材质

150106 钢制蓄冰槽槽体安装

蓄冰槽施工现场图

工艺说明

蓄冰槽的安装施工工序：

底板、壁板、加强筋下料、预制→基础验收→底部防腐枕木铺设→底板拼焊→第一层壁板组对焊接→底板与壁板焊接→加强筋焊接→各层壁板焊接→槽体内除锈防腐→安装盘管→网架安装→剩余壁板焊接→除锈防腐→闭水试验→外保温饰面。

150107 蓄冰槽防腐施工

蓄冰槽防腐施工现场图

工艺说明

（1）玻璃钢施工工序：基层处理→涂布底层树脂→固化→铺贴玻璃丝布至设计层数→固化、修整→涂布罩面树脂→固化。

（2）聚脲喷涂施工工序：基层处理→刷涂底漆→固化→刮涂腻子→固化→喷涂聚脲→固化、修整。

（3）环氧树脂施工工序：基层处理→涂布底层环氧富锌底漆→固化→涂布环氧树脂→固化、修整。

以上均适用于钢制蓄冰槽。

150108 蓄冰罐安装

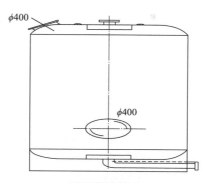

蓄冰罐示意图

蓄冰机房施工现场图

工艺说明

　　蓄冰设备的接管应满足设计要求，并应符合下列规定：
（1）温度和压力传感器的安装位置应预留检修空间。（2）盘管上方不应有主干管道、电缆、桥架、风管等。（3）乙二醇管道、冷冻水管道必须为同程设计，要求达到水力平衡标准，并有调节措施。

150201 管道系统及部件安装

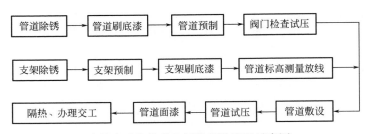

冰蓄冷系统管道及部件安装流程示意图

冰蓄冷系统机房管道施工现场图

工艺说明

（1）冰蓄冷系统的管道与常规空调系统相同，但不能采用镀锌管道。（2）乙二醇管路系统阀门的选用规定：①管路系统中所有的手动和电动阀门，均应保证其动作的灵活性并且严密性好，既无外漏也无内漏；②电动阀门应严格按照设计要求的压力来选择；③电动阀门的两侧应设置检修阀，以便系统检修；④大口径电动调节阀门选型宜选用调节阀组，采用比例积分电动调节阀精确调节；（3）乙二醇应选用工业抑制性乙二醇，溶液质量浓度为 25%。

150202 水泵及附属设备安装

机房水泵施工现场图

屋顶冷却塔施工现场图

◆ 工艺说明

　　冰蓄冷系统的制冷机组、板式换热器、水泵等设备以及管道一般与常规空调系统相同，应符合《通风与空调工程施工质量验收规范》GB 50243—2016 规定。

150203 管道、设备防腐与绝热

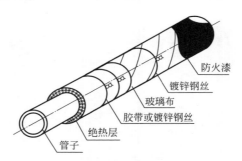

防火漆
镀锌钢丝
玻璃布
胶带或镀锌钢丝
绝热层
管子

管道防腐与绝热示意图

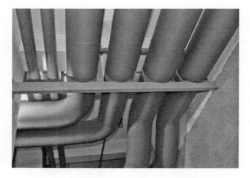

管道防腐、保温施工现场图

工艺说明

　　冰蓄冷系统的保温与常规空调系统相同：（1）管道法兰应单独保温。（2）冰蓄冷系统的保温材料应采用闭孔型保温材料，且为不燃或难燃材料。（3）乙二醇溶液管道温度较低，施工时应杜绝冷桥产生，管道附件（阀门、阀杆、法兰、软接头等）以及水泵、板换均应做好保温措施。（4）保温管道在穿越套管和孔洞时，穿越部分的保温层须整段连续不断。（5）冰蓄冷系统管道温度低，保温层厚度需经选型计算。

150204 管道冲洗与防腐

埋地管-环氧煤沥青防腐蚀涂层结构

防腐等级	防腐蚀涂层结构	涂层总厚度(mm)
特强等级	底漆→面漆→玻璃布→面漆→玻璃布→ 面漆→玻璃布→两层面漆	≥0.8
加强级	底漆→面漆→玻璃布→面漆→玻璃布→两层面漆	≥0.6
普通级	底漆→面漆→玻璃布→两层面漆	≥0.4

管道防腐施工现场图

◆ 工艺说明

　　(1) 冲洗：冰蓄冷系统中乙二醇系统管道对清洁度要求较高。(2) 防腐：①钢管内防腐：底漆→底漆→面漆→面漆，厚度为 $150\pm10\mu m$；②埋地钢管外防腐：底漆→玻璃纤维布→底漆→玻璃纤维布→二道面漆，环氧玻璃鳞片底漆；厚度不小于 $500\pm20\mu m$，电压检测 5000V；③明露钢管外防腐：采用抗紫外线较强的 IPN8710-4 耐候保色防腐涂料，底漆→底漆→面漆→面漆，厚度为 $180\pm10\mu m$。

150205 系统压力试验及调试

机房施工现场图

工艺说明

　　冰蓄冷系统的调试与常规系统一样，也应在设备、管道、保温、配套电气等施工全部完成后进行。调试顺序：设备调试→水力平衡调试→蓄冰系统各工况调试→自动控制系统的调试→系统试运行和验收。

150301 其他蓄能模式介绍（一）

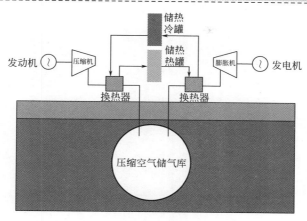

压缩空气蓄能原理示意图

压缩空气蓄能发电施工现场图

工艺说明

　　（1）压缩空气蓄能技术原理：压缩空气蓄能是从燃气轮机发电技术延伸而来的一种新型蓄能技术，利用压缩机将空气压缩至高压状态，并密封储存在盐穴等储气库中，放电时通过压缩空气推动膨胀机做功发电。（2）技术特点：蓄能功率大、时间长、寿命长、布置灵活、安全性好等。

150302 其他蓄能模式介绍（二）

抽汽蓄能施工现场图

工艺说明

　　抽汽蓄能技术原理：以高温蓄能系统为基础，与火电、核电等热力发电机组的热力系统进行深度耦合。电力负荷处于低谷时，从机组抽取部分高温蒸汽，以热能形式进行存储；电力负荷处于高峰时，将存储的热量转换为高温蒸汽，利用原有或新建发电系统进行发电。

第十六章　压缩式制冷（热）设备系统

160101 冷冻机房设备整体排布

冷冻机房设备排布现场图

工艺说明

依据设备、管道及阀部件等产品的技术参数，运用 BIM 技术对机房内设备、管线布置进行深化设计，做到布局合理、层次分明、排列整齐，间距满足安装、使用要求，并取得设计单位确认。机房内应采取有效的、有组织的排水措施，便于维护、运行时设备、管道泄水及时排放；设备的位置、维修通道以及设备之间的距离应满足操作及检修需要。

160102 水冷式冷水机组安装

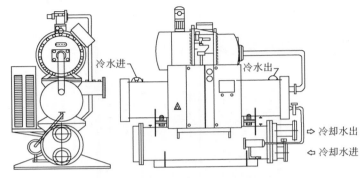

冷水进

冷水出

⇨冷却水出

⇦冷却水进

水冷式冷水机组安装示意图

水冷式冷水机组安装现场图

工艺说明

　　同规格设备成排就位时，尺寸应一致，机组间应有充足的维修空间；减振装置的种类、规格、数量及安装位置应符合产品技术文件的要求；采用弹簧隔振器时，应设有防止机组运行时发生水平位移的定位装置；机组应水平，当采用垫铁调整机组水平度时，垫铁放置位置应正确、接触紧密，每组不超过3块。

160103 水冷式冷水机组配管安装

水冷式冷水机组配管安装现场图

工艺说明

机组与管道连接应在管道冲洗合格后进行，机组与管道连接设置软接头，管道设独立支吊架，管道上安装的阀部件及仪表位置正确、排列整齐。压力表距阀门位置不小于200mm。同一管道上按介质流动方向安装压力表和温度计。

160104 板式换热器安装

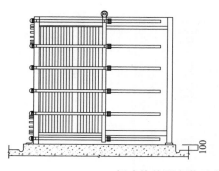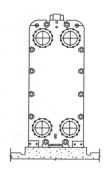

板式换热器安装示意图

板式换热器安装现场图

工艺说明

　　安装板式换热器的位置周围要预留一定的检验场地。安装前应清理干净设备上的油污、灰尘等杂物，设备所有的孔塞或盖子，在安装前不应拆除；要对与其连接的管路进行清洗，以免杂物进入板式换热器，造成流道梗阻或损伤板片。使用前检查所有夹紧螺栓应拧紧。板式换热器两块压紧板上有4个吊耳，供起吊时使用，吊绳不得挂在接管、定位横梁或板片上。安装前应按施工图核对设备的管口方位、中心线和重心位置，确认无误后再就位。

160105 软化水装置安装

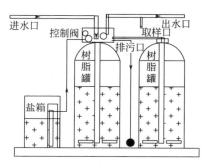

软化水装置安装示意图

软化水装置安装现场图

工艺说明

　　软化水装置的电控器上方或沿电控器开启方向应预留不小于600mm的检修空间；盐罐安装位置应靠近树脂罐，缩短吸盐管的长度；软化水装置应按设备上的"水流方向"标识安装；罐体应设支架固定，与软化水装置连接的管道设独立支架；排水管道不应安装阀门，不应直接与污水管道连接。

160106 水箱安装

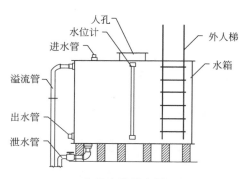

水箱安装示意图

水箱安装现场图

工艺说明

　　水箱应放置在基础上，水箱周围应留安装维修空间；水箱与型钢基础间应做隔绝处理；水箱溢流管、泄水管宜分别设置排放口，溢流管管口处设置防护网；水位计应有最高、最低水位标志，安装应垂直，易损坏的表管应有保护装置，水位计低点应有放水旋塞。

160107 设备地脚螺栓安装

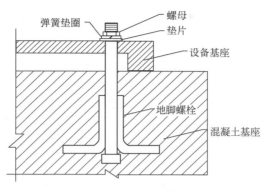

地脚螺栓安装示意图

地脚螺栓安装现场图

工艺说明

　　设备安装找平、找正后，应对地脚螺栓孔灌注混凝土。灌注时应捣实，防止地脚螺栓倾斜。待混凝土强度达到75%以上时，拧紧地脚螺栓。设备地脚螺栓外露部分可涂抹黄油，防止螺栓在潮湿环境中锈蚀。设备固定应有限位措施。

160201 制冷剂灌注

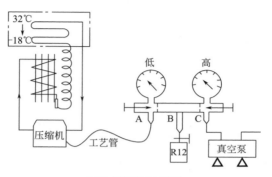

制冷剂灌注示意图

制冷剂灌注现场图

工艺说明

　　制冷剂管道在真空试验合格后，应进行制冷剂灌注；灌注按照产品技术规格书要求进行，过程中再次进行检漏。系统多余的制冷剂不得向大气直接排放，应采用回收装置进行回收。

160301 分、集水器安装

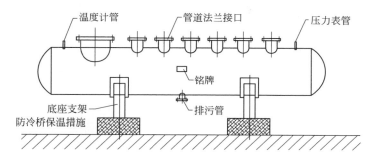

分、集水器安装示意图

分、集水器安装现场图

工艺说明

　　分、集水器应保证筒体在轴向可自由伸缩，支架底部与基础接触的钢板轴向预留 50mm 长的腰眼孔，使螺栓在其内部可滑动。管道法兰接口的中心距应保证接管时安装的操作空间。底座支架需要进行保温，防止产生冷桥，排污管保温措施应延伸到排污阀门后。

160302 定压设备安装

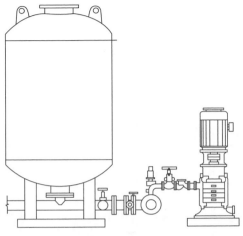

定压设备安装示意图

定压设备安装现场图

工艺说明

气压罐应水平安装在基础上，基础应平整、干燥，位置合理，下部留有检修空间，气压罐不宜与水泵共用型钢基础。管路系统应安装安全阀，定压装置与墙面或其他设备之间应留有不小于0.7m的间距。

160303 设备、阀部件绝热

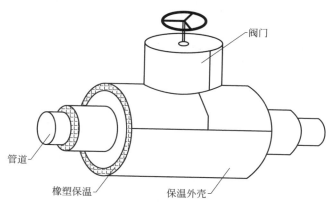

阀门

管道

橡塑保温　　保温外壳

阀部件绝热示意图

设备绝热现场图

工艺说明

　　设备、阀部件绝热施工不应遮盖设备铭牌标志和影响阀部件的操作功能；绝热层应满铺，表面应平整；进行保护壳施工时，板材连接牢固严密，外表整齐平整，接口搭接应顺水流方向设置。

第十七章　吸收式制冷设备系统

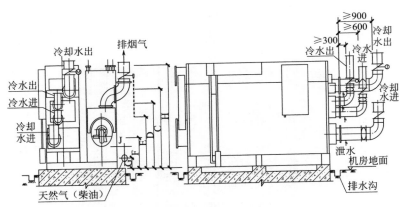

吸收式制冷机组安装示意图

吸收式制冷机组安装现场图

工艺说明

　　分体机组运至施工现场后，应及时运入机房进行组装，并抽真空。吸收式制冷机组的真空泵就位后，应找正、找平。抽气连接管宜采用直径与真空泵进口直径相同的金属管，采用橡胶管时，宜采用真空橡胶管，并对管接头处采取密封措施。吸收式制冷机组的屏蔽泵就位后，应找正、找平，其电线接头处应采取防水密封。吸收式制冷机组安装后，应对设备内部进行清洗。

170201 燃气设备安装

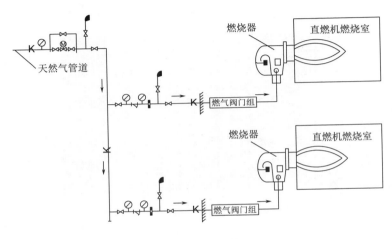

图　例

符号	名称	符号	名称	符号	名称	符号	名称
⋈	截止阀	↗	止回阀	⌀	压力表	\\\\\\\\\\	设计分界
⅄	过滤器	⊗	快速切断阀	—NG—	天然气管道	—	—
▮	燃气流量计	⌐	放散管	→	介质流向	—	—

燃气设备安装示意图

燃气设备安装现场图

工艺说明

　　燃气系统管道与机组连接应使用金属软管，管道吹扫和压力试验应用压缩空气，严禁用水；燃气干管上应安装关闭阀和快速切断阀；燃气管道宜架空敷设。燃气管道应刷黄色警示标识。

第十八章 多联机（热泵）空调系统

180101 室外机组安装

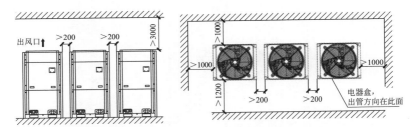

室外机组布置示意图

室外机组布置现场图

工艺说明

安装位置应符合室外机组对安装环境的要求，通风良好，确保进排风没有障碍；多台室外模块机组安装时应避免进排风短路，应预留足够的维修空间；机组吊装时，应注意保持机身的垂直，最大倾斜角不宜大于15°；机组安装固定在专用基础上，与基础结合紧密且采取减振措施。

180201 室内机组安装

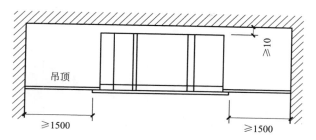

室内机组吊装示意图

室内机组吊装现场图

工艺说明

　　室内机吊装应使用四根吊杆，吊杆采用圆钢或者通丝，吊杆应保证一定的长度调节余地；吊耳下侧采用双螺母固定；有固定吊顶（如石膏板吊顶等）时，室内机接管处的天花板上开设500mm×500mm的检修孔；室内机四周吊顶应保持水平，与室内机装饰面板接触面应平整，装饰面板安装完毕后与吊顶间不应有间隙。

180301 制冷剂管路连接

割管　　　　　　　　　胀管　　　　　　　　氮气保护焊

室内铜管吊装　　　　　　　室外铜管支架及扎带

工艺说明

　　进场冷媒铜管壁厚需达标，铜管切口平整，不得有毛刺等缺陷，同管径需采用胀管方式焊接，焊接需全程充氮保护；焊接完成后封口处理，防止水分、污物或者灰尘进入；室内采用吊架、室外采用支架将铜管固定稳固，做好保温工作，室外做完保温后用扎带缠绕；当铜管直径大于或等于15.88mm 时，保温材料厚度为 20mm；接口之间整齐、美观；保温材料无拉伸变形。

180401 | 风管安装

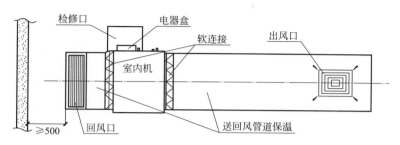

风管安装示意图

风管安装现场图

工艺说明

　　卧式暗装室内机的风管一般包括出风管、回风管，风管的材质和构造应符合设计和规范要求，送回风管道均需考虑保温层，以避免热（冷）量损失或受潮；风管与设备及风口连接处可使用阻燃防火帆布软管；回风管边缘距墙150mm以上，回风口应安装过滤网；风管安装时应考虑消声和减振措施。

180501 冷凝水管道安装

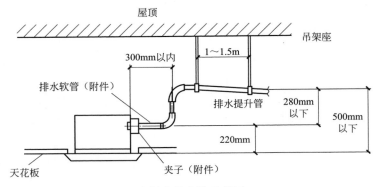

冷凝水管安装示意图

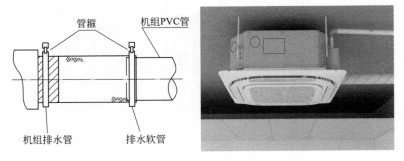

冷凝水软管安装节点详图

工艺说明

　　室内机冷凝水排放通常采用机械强制排水；用随机附带的排水软管与设备排水口通过管箍连接，不得打胶；冷凝水管可考虑采用给水 UPVC 管或热镀锌钢管，水平排水管吊卡间隔为 0.8～1.0m；冷凝水管安装完成后，需进行满水、排水试验；保温材料选用橡塑发泡材料，难燃等级 B_1 级以上，厚度大于或等于 10mm。

180601 制冷剂灌注

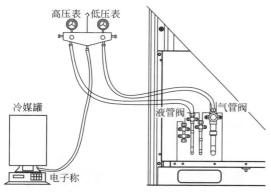
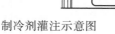

制冷剂灌注示意图

制冷剂灌注现场图

工艺说明

　　灌注的制冷剂应符合设计和空调设备的要求；制冷剂的灌注应在管路系统的低压侧进行，应先将管路系统抽真空，真空度应符合设备技术文件的规定；当管路系统内的压力升至 0.1～0.2MPa（表压）时，应进行全面检查并确认无泄漏、异常情况后，再继续灌注制冷剂；当发现有泄漏需要补焊修复时，必须将修复段的制冷剂排空；制冷剂灌注的总量应符合设备技术文件的规定。

180701 系统压力试验及调试

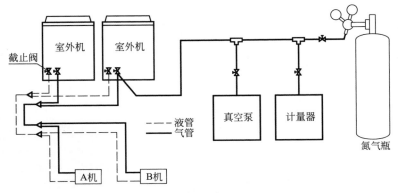

压力试验管道连接示意图

压力试验管道连接现场图

工艺说明

　　制冷剂管道的气密性试验，需使用干燥氮气作为介质；试验压力要满足设计和设备技术文件规定，测试时禁止连接室外机组，但需与室内机连接；压力试验宜按压力等级分3个阶段进行，从气体、液体两侧同时加压，以保护室内机侧电子膨胀阀不受损害；调试应由专业工程师负责，编制调试方案并严格执行，调试工作一般分阶段进行，包括调试前检查确认、调试前准备工作、试运转调试工作。

第十九章　太阳能供暖空调系统

太阳能集热器底座及支架

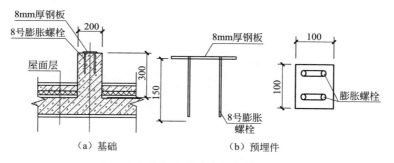

（a）基础　　　　　　　（b）预埋件

太阳能集热器底座及支架安装示意图

太阳能集热器底座及支架安装现场图

工艺说明

　　混凝土底座强度等级不低于C20，表面预埋8mm厚钢板，基础上表面应在同一水平面上。支架应牢固、可靠，且与对应太阳能集热器的长度一致，支架的倾斜角度应一致，方位角应满足规范和设计要求，焊接或螺栓连接应牢固，与基础连接应可靠，基础须可靠接地。

190102 太阳能集热器安装

太阳能集热器安装现场图

工艺说明

　　对于现场组装的太阳能集热器，水箱、底座在太阳能集热器支架上的固定位置应正确，确保水箱、底座排列整齐、一致、无歪斜，将螺母拧紧，固定牢靠。真空管插入深度应一致，硅胶密封圈无扭曲。

190103 太阳能储热水箱安装

太阳能储热水箱安装现场图

工艺说明

　　安装时调节水箱底部的支撑点，将水箱调平整，水箱超过 5t 需做承重基础。水箱顶部必须安装 TP 阀。自来水进口处安装泄压阀。水箱放置周围应留大于 600mm 的安装及维保空间。

190104 太阳能系统保温

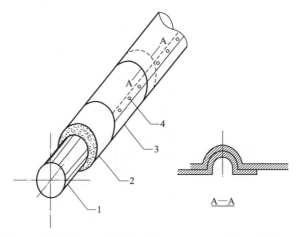

1—水管；2—保温层；3—保护层（搭接 50mm）；4—铆钉（间距 150mm）
太阳能系统保温示意图

太阳能系统保温现场图

工艺说明

太阳能系统保温根据系统形式，真空管集热器、平板型集热器均可以采用 B_1 级橡塑、玻璃丝棉保温材料，外加铝壳或镀锌钢板保护层。

第二十章　设备自控系统

200101 液体压力传感器安装

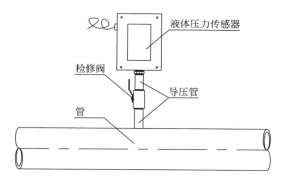

液体压力传感器安装示意图

液体压力传感器实物图

工艺说明

　　导压管应垂直安装在直管段上，不应安装在阀门等附件附近或水流死角、振动较大的位置；液体压力传感器的导压管不应安装在有气体积存的管道上部；导压管安装应与管道预制和安装同时进行。

200102 空气压差传感器安装

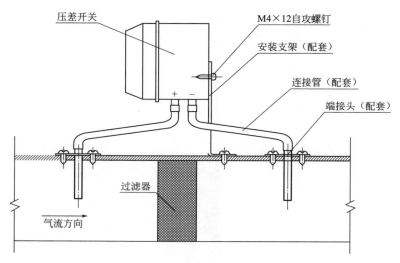

空气压差传感器安装示意图

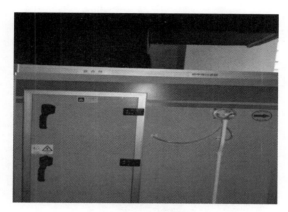

空气压差传感器安装现场图

工艺说明

风管上安装空气压力（压差）传感器时，应在风管绝热施工前开测压孔，测压点与风管连接处应采取密封措施。空气压力传感器需按图示方向安装，水平放置或倒置会导致误差。压差探测器应安装在压强连接点上方。为防止凝结水聚集，管道应是连通的，在压强连接处和压差探测器之间应有一个逐渐倾斜的坡度（无回路）。

200103 风管型温湿度传感器安装

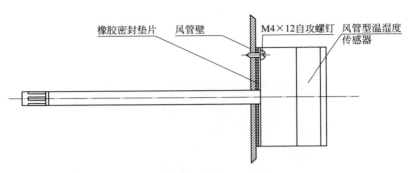

橡胶密封垫片　风管壁　　　M4×12自攻螺钉　风管型温湿度传感器

风管型温湿度传感器安装示意图

风管型温湿度传感器安装现场图

工艺说明

　　直接安装时，传感器底座与风管壁之间必须加设橡胶密封垫片，安装位置应具有典型性，避免安装于风管死角，安装应在风管保温层完成后进行。底座固定在风管壁上，插入深度可调。开孔时，注意不要打到滤网、盘管上。

200104 室内温湿度传感器安装

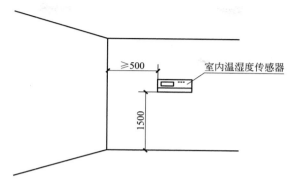

≥500

1500

室内温湿度传感器

室内温湿度传感器安装示意图

室内温湿度传感器实物图

工艺说明

　　室内温湿度传感器安装高度距地面 1.5m，距墙壁不小于 0.5m；应在房间装修完毕、清洁之后安装；应避免阳光直射，避免安装于外墙墙壁之上、送风气流直射的地方；不应安装于隐蔽热水管的墙壁上、散热器上方、房门的开门侧。

200105 防冻开关安装

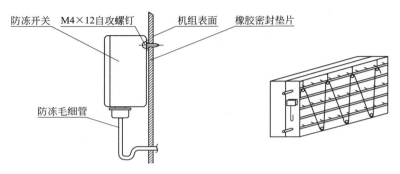

防冻开关安装示意图

防冻开关安装现场图

工艺说明

防冻开关底座与机组表面之间必须加设橡胶密封垫片，防冻毛细管穿过机组表面处要防止毛细管被刮破，防冻毛细管应安装于风入口第一个有水的热盘管的背风侧，使用专用卡固定，如机组置于室外，则将整个防冻开关安装于机组内部。

200106 电动调节阀执行器安装

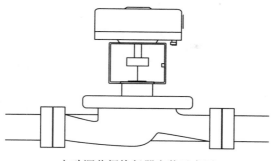

电动调节阀执行器安装示意图

电动调节阀执行器安装现场图

工艺说明

　　安装前应确定阀杆提升/下降与阀开启/关闭的关系，电动调节阀执行器可竖直安装或水平安装，不可倒置安装或倾斜安装。电动调节阀执行器安装空间应留有拆卸距离。

200107 风阀执行器安装

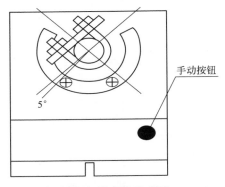

风阀执行器安装示意图

手动按钮

5°

风阀执行器安装现场图

工艺说明

安装前将风阀手动调整至关闭状态，按下手动按钮，将风阀执行器手动调整至开启角度为 5°的状态，松开手动按钮，使风阀执行器保持这一状态，将风阀执行器套入风阀转动轴，然后固定偏心支架，将风阀执行器卡环螺钉上紧。注意不可将风阀执行器完全固定。

第二十一章 制冷（制冰）系统

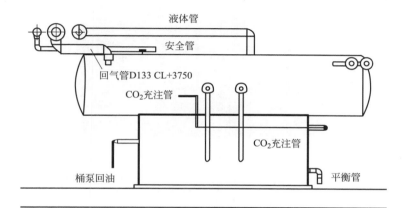

液体管

安全管

回气管D133 CL+3750

CO_2充注管

CO_2充注管

桶泵回油

平衡管

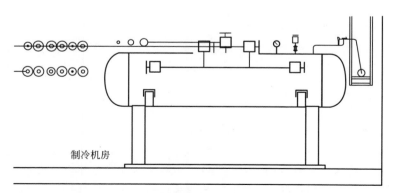

制冷机房

桶泵机组安装示意图

桶泵机组安装现场图

工艺说明

　　设备应安装在混凝土基础上，基础应高于地面不小于100mm。设备基础强度满足设备运行要求，尺寸适宜，平整端正，预留地脚螺栓安装孔位置、尺寸准确。桶泵机组为整合了桶体、泵、控制管线及仪表等设备、部件的一体化设备，生产加工前必须根据场地环境、工作需求等进行深化设计。泵体在设备集合时必须采取减振措施，桶泵机组直接安装在设备基础上，并根据机组平面尺寸设置地脚螺栓，地脚螺栓应匀称紧固，并有防松动措施。机组与管道连接时，应采用焊接连接。

210102 制冷机组安装

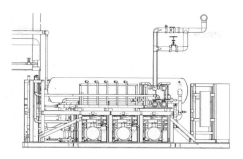

制冷机组安装示意图

制冷机组安装现场图

工艺说明

　　设备应安装在混凝土基础上，基础应高于地面不小于 100mm。设备基础强度满足设备运行要求，尺寸适宜，平整端正，预留地脚螺栓安装孔位置、尺寸准确。制冷机组内压缩机必须采取减振措施。制冷机组直接安装在设备基础上，并根据机组平面尺寸设置地脚螺栓，地脚螺栓应匀称紧固，并有防松动措施。制冷机组与二氧化碳管道连接时，应采用焊接连接。制冷机组与水管道连接时，应设置隔振软接头，其耐压值大于或等于设计工作压力的 1.5 倍。

210103 气冷器安装

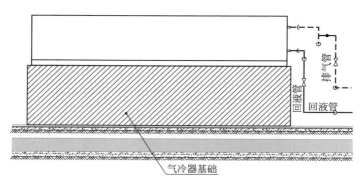

气冷器安装示意图

（图中文字：排气管、回液管、回气管、气冷器基础）

气冷器安装现场图

工艺说明

　　设备应安装在混凝土基础上，基础应高于地面不小于100mm。设备基础强度满足设备运行要求，尺寸适宜，平整端正，预留地脚螺栓安装孔位置、尺寸准确。气冷器安装位置和数量正确，各个气冷器的压缩量均匀一致，偏差不大于2mm。气冷器与二氧化碳管道连接时，应采用焊接连接。气冷器与水管道连接时，应设置隔振软接头，其耐压值大于或等于设计工作压力的1.5倍。

210201 制冷盘管安装

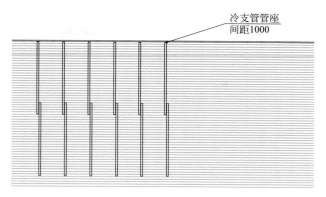

制冷盘管安装示意图

制冷盘管安装现场图

工艺说明

　　将 M 形支架摆放在平整的滑动层上，为确保制冷盘管敷设完成后盘管埋深深度一致，应严格控制 M 形支架的稳定性、平整度。将盘管摆放在 M 形支架上，用小管径自动焊接机焊接不锈钢管。焊接完毕外观检查合格后，对焊口进行无损检测，合格后用钢丝将管道固定在 M 形支架凹槽内。固定时应对管道进行调整，确保其顺直。

210202 制冷集管制作

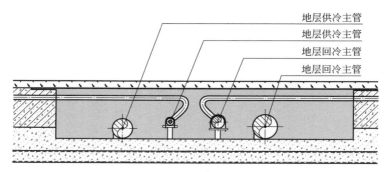

地层供冷主管
地层供冷主管
地层回冷主管
地层回冷主管

制冷集管示意图

制冷集管实物图

工艺说明

　　绘制制冷集管加工图，将管道送至加工厂进行机械开孔，间距应为盘管间距的 2 倍，并在一条水平线上，开孔孔径应与盘管内径一致。按图纸要求的盘管接入制冷集管的角度加工连接弯管。用专用工具摆放分支管，确保分支管标高、间距符合要求。焊接分支管，外观检查合格后进行无损检测。